Gedichte

von

O. F. Gruppe.

Berlin.
Gedruckt und verlegt bei G. Reimer.
1835.

Erstes Buch.

Frühling.

1.

O der blaue, blaue Himmel!
O das grüne, grüne Thal!
Goldner Würmchen bunt Gewimmel
In dem goldnen, goldnen Stral!

Und von allen Blütenbäumen
Woget süßer, süßer Duft,
Und in allen Himmelsräumen
Woget laue, laue Luft.

Offen stehn des Himmels Pforten,
Nieder strömet sel'ge Lust,
Ueberall und allerorten
Blüht's und blüht in jeder Brust.

2.

Der Sänger und der Frühling.

„Ich weih' euch alle Paar um Paar:
Wie euch der Tanz verbunden,
So sollt ihr treten zum Altar,
Ihr habt euch wohl gefunden!
Denn der da kommt und dessen Reich
Ich segnend euch verkünde,
Gebietet daß hier alles gleich
In Liebe sich verbünde!"

Er hat sie nicht umsonst geweiht
Kraft seiner Sängerweihe,
Er trug nicht schwarzes Priesterkleid,
Er suchte bald das Freie.
Da kommt zu ihm auf grünem Feld
Ein Knab' im Blumenkranze,
Sie gingen Arm in Arm gesellt
Im rothen Abendglanze.

Der Eine seitwärts sich verlor,
Wo Liebchen ihm gewogen,
Der Andre schwang sich hoch empor
Zum lichten Regenbogen,
Griff in der Farben milden Thau,
Und warf mit vollen Händen
Die Blumen roth und gelb und blau:
Da blüht's an allen Enden!

3.

Alles drängt zum Himmelsraum
Auf der Flur und an dem Baum:
Einen Regen über Nacht
Und die Welt ist Blütenpracht.

Aber, Frühling, jenes Kind
Merke dir und sei geschwind:
Die dort schamhaft niederschaut
Morgen mache sie zur Braut.

Einen stillen Thränenguß,
Einen, Einen leisen Kuß:
Und das Wunder ist vollbracht,
Seel' und Leib ist Blütenpracht.

4.

Kriegsintermezzo.

Sie.

Plötzlich über Nacht vom Regen
Blühten Bäum' und Gartenland:
Plötzlich tratst du mir entgegen,
Aber doch als längst bekannt.

Er.

Liebchen, nicht umsonst entdecket
Hatt' ich hier im Thal das Haus,
Unter Bäumen hold verstecket,
Kaum aus Blüten sah's heraus.

Sie.

Immer frag' ich mich, wie lange,
Liebster, du schon bei uns bist,
Und dann sag' ich mir, so lange
Als es grade Frühling ist.

Er.

Schone, Wind, noch dieser Kronen!
Ist die Blüthenzeit vorbei?
Wind, laß ab, denn die hier wohnen,
Wollen daß noch Frühling sei.

Sie.

Schau, beschneit mit Blütenflocken,
Guter, bist du ganz und gar,
Schnell den Kranz noch in die Locken,
Diesen Myrtenkranz ins Haar!

Er.

Aber dir den Helm aufs Köpfchen
Und den Säbel um den Leib,
Unterm Helm die beiden Zöpfchen:
Welch ein Amazonenweib!

Sie.

Hörst du, die Trompeten schallen
Schmetternd durch des Thals Revier! —
Doch ich höre Schüsse fallen:
Rede, sind wir sicher hier?

Er.

Ich verstehe diese Töne;
    Schnell den Helm! das Schwert heraus!
Lebe wohl, geliebte Schöne,
    Lebe wohl, umblühtes Haus!

5.

Um die Wette.

Alles grünet um die Wette,
Alles blüht und keimt und strebt,
Alles paart sich was da lebt:
Ja wer nur ein Liebchen hätte!

Bäumchen müht sich, daß es schatte,
Blümchen müht sich um zu blühn,
Sonne müht sich um zu glühn;
Alles spielt jetzt Weib und Gatte.

Alles paart sich und will keimen,
Dichtern keimet manch Gedicht,
Alles was der Dichter spricht
Paart sich Wort mit Wort in Reimen.

Ja wer nur ein Liebchen hätte!
Mit der lauten Nachtigall,
Mit den Sängern überall
Säng' ich fröhlich um die Wette!

6.

Abendentzückungen.

Grünes Sonnenfeuer glühet,
Und was blühen kann, das blühet;
Knaben lagern sich zu Hauf —
Doch sie lesen Phädri Fabeln
Und sie schlagen da Vokabeln
In dem dicken Scheller auf.

Helios senkt den Wagen schnelle,
Sehnt sich nach der kühlen Welle;
Eine Schöne siehts und spricht:
Herrlich! herrlich! außer Sorgen
Bin ich für die Wäsche morgen,
Denn nun regnets sicher nicht.

Und es rauscht das Meer vor Wonne,
Als ins Bad sich taucht die Sonne;
Ein Entzückter ruft empor:
Grad' als ob ich in die Spalte
Meiner großen Sparbüchs' halte
Einen Doppelfriedrichsd'or!

7.

Die Laffen.

Euer Werth ist in der Tasche
Und der Schneider eur' Verstand,
Euer Geist ist in der Flasche,
Euer Alles eitel Tand.

Euer Lieb das ist die feile,
Eure Freude die ist matt,
Euer Schmerz die Langeweile,
Euer Leben fad' und satt.

Eure Welt ist das Theater,
Euer Gott der hohle Kopf —
Euer Sänger sei der Kater,
Euer Lenz ein Zwiebeltopf!

8.

Nachsicht.

Großer Ruf ist weit erschollen,
Ein allmächtig Aufgebot,
Daß da sämmtlich blühen sollen
Bäume weiß und Wangen roth.

Blühen wills in allen Räumen
Und zu blühn ist aller Glück,
Von den Kräutern, von den Bäumen,
Bleibet keines, keins zurück.

Nur in meinem kleinen Garten
Zwischen Mauern steht ein Baum,
Noch will ich geduldig warten,
Doch er hat noch Knospen kaum.

Wollet seinen Stand bedenken,
Haut ihn nicht so schnell mir fort,
Nachsicht müssen wir ihm schenken.
Und er ist noch nicht verdorrt.

Auch so schnell nicht kann sich finden
In den Frühling hier mein Herz:
Gönnt ihm Zeit, zu überwinden
Einen tiefen, tiefen Schmerz.

9.

Frühlingskur.

Kränklich und traurig lag ich im Gras,
Kam der Frühling, ich klagt' ihm das,
Sprach der Frühling: ich will dirs vertreiben,
Wenn du nur thust was ich werde verschreiben.

Wähle vor allen den rechten Raum
Unter dem blühenden Kirschenbaum,
Wo da stäuben die schneeigen Flocken,
Und bekränze mit Grün die Locken.

Setze den perlenden Römer Wein
Recht in den goldenen Sonnenschein,
Links mit schattiger Wimper ein Bübchen,
Rechts mit rosiger Wang' ein Liebchen.

Und es schenke der Knabe dir ein,
Aber noch trinke du nicht den Wein,
Gieb dem Bübchen davon zu nippen,
Darauf küss' ihm den Wein von den Lippen.

Und er schenke dir wieder ein,
Aber noch trinke du nicht den Wein:
Gieb dem Liebchen davon zu schlürfen,
Magst du sie küssen, so sollst du es dürfen.

Und er schenke dir wieder ein
Und du trinke den sonnigen Wein:
Mitzutrinken die fallenden Blüten
Schadet dir nicht und wird dich behüten.

Und er schenke dir wieder ein,
Gieb dem Bübchen und Liebchen vom Wein:
Magst du dann kosen und spielen mit ihnen,
Schadet es nicht und kann dir nur dienen.

Wende darauf an das Liebchen dich,
Küss' ihr den Mund herzinniglich:
Hast du sie recht in den Arm genommen,
Schadet es nicht und kann dir nur frommen.

Dacht' ich bei mir: Was der Frühling spricht,
Wenns auch nicht hilft, so schadets doch nicht.
Und ich habe mich dreist entschlossen,
Punkt für Punkt es gethan und genossen.

Trefflich bekam mir die neue Kur,
Dauerte sie doch länger nur!
Und ich hab' sie so süß befunden,
Daß sie vielleicht auch dient den Gesunden!

10.

O laß wie einem milden Sterne
Mich immer folgen deiner Spur:
Ich weide mich so gern von ferne
Am Frieden deines Auges nur.

Du bist ein heitrer Sonntagsmorgen,
Die Lüfte feiern still und rein;
Und wo du gehst ist man geborgen,
Die heil'gen Engel hüten dein.

Da blühn die Blumen an den Bächen,
Die Blumen auf im Wiesengrün —
Wozu die schönen Blumen brechen?
Man freut sich ihrer daß sie blühn.

11.

Die guten Zeugen.

Gieb mir die Hand, den Berg zu steigen!
  Sie gab sie und so stiegen wir,
Umwölbt von dunkeln Buchenzweigen,
  Mir schlug das Herz, das Herz schlug ihr.

Wir ruhten aus am stillsten Orte,
  Wo Linden eine Laube baun,
Ach mir versagten alle Worte,
  Mir fehlte Muth sie anzuschaun.

Doch auf der Höhe, welche Wonne,
  Im Angesicht von Land und Meer,
Des offnen Himmels und der Sonne,
  Die Winde wehten frisch daher:

Da brachen wir das schwüle Schweigen,
Da ward umarmt, gedrückt, geküßt:
Ich meine, daß vor guten Zeugen
Dort unser Bund geschlossen ist.

12.

Im Walde rollt der Wagen
Bei tiefer stiller Nacht;
Die Passagiere schlafen,
Der Postillion fährt sacht.

Beim Försterhaus im Walde
Was bläst der Postillion?
Die Passagier' erwachen
Und meinen, es wär Station.

Er bläst so sanfte Lieder
Zum Fenster klar empor,
Es hallt der Wald sie wieder,
Und kommt der Mond hervor.

Ja scheine Mond ins Fenster
Des Liebchens hold herein:
Da zieht durch ihre Träume
Posthorn und Mondenschein.

13.

Der Leidensbruder.

Wohin mit dem langen Halme
Willst du, kleiner Vogel, fliegen?
Doch ich seh', es ist ein Faden,
Willst du ihn zum Nestchen haben?
Ja es ist ein Seidenfaden:
Kenne wohl die rothe Seide.
Hast du den von ihrem Fenster,
Ihr zum Trotze, dir gestohlen,
Ihr zum Trotz, der spröden, stolzen,
Dir dein Nestchen draus zu bauen,
Dir das Nestchen mit zu binden?
Doch ich seh', du kannst nicht fliegen,
Flatterst lahm von Zweig zu Zweige,
Ach du bist am Fuß gebunden:
Armer Vogel, ja ich merke —
Gelt, du bist mein Leidensbruder!

14.

Geputzte Leute gehen
Die Brücke her und hin,
Ich aber bleibe stehen,
Weiß nicht wie mir zu Sinn.

Die Sonne will nicht scheinen,
Der Regen fällt noch nicht —
Ich weiß nicht soll ich weinen:
Wo berg' ich mein Gesicht?

O fließt, ihr Wasser, fließet,
Bis ihr das Gärtlein find't,
Ihr Wolken auch begießet
Ihr Blumenbeet geschwind.

Tränkt ihr den blauen Flieder,
Mit Blüten voll gedrängt,
Der in das Wasser nieder
Die schweren Kronen hängt.

Und wenn sie sitzt darinne
Und gleiten sieht den Fluß,
Dann werde sie es inne,
Daß ich hier weinen muß.

15.

Ich finde mich hier wieder kaum,
Hier war das Haus, hier stand der Baum,
Hier wohnte meine süße Braut:
Ein andres Haus ist hier gebaut.

Die Straße war eng, jetzt ist sie breit,
Das Haus war alt, jetzt ist es neu:
Wo ist die alte Traulichkeit!
Wo ist die alte Lieb' und Treu!

Aus blankem Fenster, aus neuem Haus
Da schaut mein Liebchen jetzt heraus:
Es ist noch ganz ihr Angesicht,
Ihr Aug', ihr Herz ist's aber nicht!

16.

Tags meid' ich die Dörfer und Städte
Und pilgre bei stiller Nacht,
Viel Schmerz mir haben die Menschen,
Und am meisten die Liebste gebracht.

Wie einer der Geister wank' ich
Nachts einsam im Mondenschein,
Und schau' in die stillen Gärten,
In die leeren Lauben hinein.

Da leuchten im Mondenscheine
So traulich die Tisch' im Grün:
Da kann ich ohne zu weinen
Nicht einsam vorüberziehn.

17.

Als ob es Wallfahrt wäre
Ins offne Himmelreich,
So strömen Menschenheere,
Froh und geschmückt zugleich.

Sie ziehen auf der Brücke,
Sie ziehn zum Thor hinaus;
Ich geh' allein zurücke,
Ich geh' allein zu Haus.

Ich glaub' es wird noch regnen,
Der Himmel dunkelt sich —
Gott, muß ich ihr begegnen!
Gott, sie erblickte mich!

Schad' um die schönen Kleider,
Wenn Regen sie verfärbt —
Schad' um ein Herz, das leider
Der Plunder hat verderbt.

Ja fallt vom Himmel alle,
Ihr grauen Tropfen, her,
Daß keiner sieht, ob falle
Eine heiße Thräne mehr!

18.

Die Rosen und die Nelken,
Und Flieder und Jasmin,
Die müssen wohl verwelken,
Und müssen wohl verblühn.

Die Lieb' ist Gab' und Güte,
Die Lieb' ist keine Pflicht,
Die Lieb' ist eine Blüte —
Verblüht und bleibet nicht!

Die Rosen und der Flieder,
Und Nelken und Jasmin,
Die kommen alle wieder
Und werden wieder blühn.

Nur nicht die Lieb' und Treue,
Wenn sie verloren ist!
Und keimt kein Herz aufs neue,
Das schon gebrochen ist!

19.

Die Glücklichen! Sie kommen
Aus Sanct Marien her,
Von heil'gem Geist entglommen
Und aller Sünden leer.

Die Männer und die Frauen,
An Herz und Händen rein,
Wie neugeboren schauen
Sie leicht und fröhlich drein.

Es giebt für alle Sünden,
Für jede Missethat
Vergebung hier zu finden,
Wenn man gebeichtet hat:

O, könnt ihr Lindrung geben
Auch für erlittnes Leid,
Daß ihr mein wundes Leben
Von seinem Schmerz befreit!

20.

„Was härmst du so dein junges Blut,
Komm laß uns fröhlich sein!
Viel andre noch sind schön und gut:
Die schönste werde dein!"

„Was klagst du auch so tief betrübt
Gebrochne Lieb' und Treu?
Und wenn dich eine Schöne liebt,
Der Nam' ist einerlei."

Es mag wohl einerlei auch sein,
Ob man geboren ist,
Und ob ein anderer statt mein
Genießet, liebt und küßt.

21.

In meinem Garten blühen mir
Die rothen Rosen nicht,
Und keine Früchte glühen mir
Am Baum im Abendlicht.

Und meine Herzgeliebte schenkt
Mir weder Kuß noch Blick,
An der mein Herz und Leben hängt,
Mit allem seinem Glück.

Und will ich bei der Liebsten sein,
Muß ich zum Kirchhof gehn:
Ihr Grab das ist mein Gärtelein,
Worauf nur Myrten stehn.

5.

Es ist wohl Herbst und Winter,
Doch weht so lauer Wind,
Man meint, es wäre Frühling,
So sind die Lüfte lind.

Sieh da, der Birnbaum blühet,
Der Birnbaum hat gedacht,
Es sei schon Zeit zu blühen
In bester Frühlingspracht.

Ja, guter Freund, so täuschte
Sich hier auch meine Brust,
Und wollt' im Winter blühen
Mit innrer Frühlingslust.

Da fielen Flocken nieder
Und schneiten alles ein,
Die Blüten und die Lieder —
Drum laß dein Blühen sein.

23.

Was singen die Cicaden
So eiferig im Grün?
Sie singen: Laßt das Leben,
Das Leben nicht verblühn.
Die Blumen blühn und bleiben,
Und ewig grünt der Baum:
Uns will der Tod vertreiben
Aus diesem Blütenraum.

Was klagen die Nachtigallen
Bang' in die Mondennacht?
Sie klagen: Ach, die Rosen
Verblühn mit aller Pracht.
Auch unser Leben fliehet,
Gleich wie die Rose fällt,
Der Mensch, der Mensch nur blühet
So ewig wie die Welt.

Auf seiner Wange weilet
　Ein sonnig Rosenroth
Er zählt die Jahr' als Tage,
　Und kennet keinen Tod,
Und kennet keine Sorgen,
　Und liebet ohne Qual,
Allselig und geborgen
　Im Paradiesessaal!

24.

Du Mond und ihr demantnen Sterne
Geht durch die Nacht in ew'ger Bahn,
Wohl seid ihr euch unendlich ferne,
Doch blickt ihr euch so freundlich an.

Wir aber gehn hier in der Irre
Auf dunkeln Wegen ohne Licht:
Wir suchen uns im Angstgewirre,
Und finden, ach, einander nicht.

Und die sich gerne würden lieben
Von ganzem Herzen unverwandt,
Die mußten sich so schwer betrüben,
Und haben sich so tief verkannt.

25.

Wie pocht mir vor Lust
Das Herz in der Brust!
Mit den Vögeln möcht's in die Wipfel!
Und hinauf auf der Berge Gipfel!
Und wieder in schäumigen Fällen
Hinab mit den stürzenden Quellen!
Dann aber unten im grünenden Thal
Empor mit des Springquells steigendem Stral!

Ich habe zum Pfand
Den Ring an der Hand!
Heut mag noch manches Begehren
Mit süßer Täuschung sich nähren:
Ja schaut nach der Schönen noch heute,
Morgen wissen es alle Leute:
Heut aber wissen wir's nur allein,
Ich bin schön Röschens und Röschen ist mein!

Wie pocht mir vor Lust
Das Herz in der Brust!
Mit den Vögeln möcht's in die Wipfel!
Und hinauf auf der Berge Gipfel!
Und wieder in schäumigen Fällen
Hinab mit den stürzenden Quellen!
Dann aber unten im grünenden Thal
Empor mit des Springquells steigendem Stral!

26.

Ich steh' auf dem Hügel und schau' umher
Ueber Wälder und Felder und über Meer:
Herz, Herz, soweit nur reichet der Blick,
Ist dein zu Füßen das blühende Glück!
Ja mein gehöret die ganze Welt,
Mit Sonn' und Wonn' und mit Wald und Feld.
Zu Lehen vertheilt' ich die Güter umher,
Ich lass' es verwalten, mir ist's zu schwer!

Was seh' ich, da rauschet ein Wagen vorbei,
Mir ist es, als ob es mein Liebchen sei.
Ja freilich, ja freilich, ihr lieblich Gesicht!
Doch ist sie im Sprechen und sieht mich nicht.
Ach leider, ach leider, da hat den Platz
Ein andrer im Wagen bei meinem Schatz!
Nun ist mir zergangen der Muth und die Lust,
Und wieder so arm ist die reiche Brust.

27.

Spaziert sie Abends mit der Tante,
Was da mein schönes Liebchen kann!
So vornehm knixt die Elegante,
Und sieht mich kaum ein wenig an.

Ich gehe meines Weges weiter,
Die andern alle bleiben stehn,
Am Arme zupft mich mein Begleiter:
Hast du die Schöne nicht gesehn!

Doch in verwachsner Fliederlaube,
Was da mein trautes Liebchen kann!
Kann kosen, girren wie die Taube,
Wie's Täubchen schnäbeln kann sie dann!

28.

Locke nicht so süß und selig,
Süße, süße Schmeichlerin;
Zieht es doch unwiderstehlich
Mich im Busen zu dir hin.

Kommst du, um mich noch zu retten
Aus der Wogen wildem Drang?
Oder willst du nur mich ketten,
Du Sirene von Gesang?

Fliehen will ich! — Wohin fliehen? —
Zuflucht ist bei dir allein,
Und Gefahr und Rettung ziehen
Mich in deinen Arm hinein!

29.

Von einer Blum' hab' ich gehört,
Die schnell sich schließt, wenn man sie stört,
Die, wenn ein Bienchen naschet,
Es fangend überraschet,
Und oft den losen Schmetterling
In ihren Blütenarmen fing:
Wie dauert mich das arme Ding
Von Schmetterling!

Und solche Blume nun fürwahr
Ist mein geliebtes Holdchen gar:
Ich wollte sacht nur nippen
Von ihren süßen Lippen:
Sie hatte kein Erbarmen,
Umfing mich mit den Armen.

30.

Ja grüße, Freund, mein Mädchen,
Hast du zu wandern vor:
Du kommst wol durch ihr Städtchen,
Da wohnt sie gleich im Thor.

O Freund, da hat mein Liebchen —
Wenn ich sie nicht verlor —
Ihr kleines feines Stübchen
Hoch überm Brückenthor.

Es trägt das schmucke Weibchen
Gescheitelt blondes Haar,
Von schwarzem Sammt ein Leibchen,
Mit Kanten weiß und klar.

Soll nennen dir das Städtchen?
Dich kenn' ich, Bösewicht,
Du Schalk bei hübschen Mädchen,
Du grüß sie lieber nicht!

31.

Ach Gott, wer zeigt mir Haus und Gasse,
Wo ich das liebe Mädchen sah!
Hier irr' ich mit der Menschenmasse,
Bin ich ihr fern hier oder nah?

Ich kam bestäubt vom Thor gegangen:
Sie stand vor ihres Hauses Thür,
Ein weißes Tuch um Haupt und Wangen;
Ich fragte sie, sie sprach zu mir.

Sie sprach: Kehrt ein zu den drei Linden,
Und wies den Weg mir freundlich vor:
Nun kann ich nicht zurücke finden,
Und irr' umsonst von Thor zu Thor.

Wer sagt mir's in dem ganzen Städtchen?
Sie sähen mich nur lachend an,
Da ich nur nach dem lieben Mädchen,
Und nach nichts weiter fragen kann.

31.

Der Apotheker als Nebenbuhler.

'S ist wahr, mit blanken Scheiben
Ist Apothekers Haus
Und immer Leut' und Treiben
Sieht man da ein und aus.
Drum schaut schön Röschen lieber
Den Apotheker an,
Doch mir geht's Herz wol über,
Riech' ich den Salbenmann.

'S ist wahr, in seinen Schränken,
In seinen Büchschen fein
Hat er wohl viel zu schenken
An hübsche Mägdelein.
Ach, wenn ich auch bei Röschen
Allein nur einmal bin,
Riech' ich in ihren Döschen
Den Apotheker drin.

Wo er im Freien schweifet,
Verpestet er die Luft,
Und wo mir nahe streifet
Sein Rock mit strengem Duft,
Wenn ich in ihrer Nähe
Mit tausendfältgem Stank
Den Pillendreher sehe,
Dann wird das Herz mir krank.

Ja läg' ich zum Verscheiden,
Doch machte mich gesund
Sein Trank von allem Leiden,
Nähm' ihn nicht an den Mund.
Und, Röschen, willst ihn küssen,
Röschen! den Salbenmann!
O geh in dein Gewissen
Und nimm mich lieber an.

33.

Uebelstand.

Liebchens Laube die ist zu klein,
Eine Laube die muß für zweie sein,
Und gar die kleine niedere Bank
Ist zerbrechlich und schwach und schwank.

Ach Gott, wir sitzen so eingeengt,
Ach Gott, so nah an einander gezwängt,
Es bräche die Bank, es ist das best',
An einander halten wir gut uns fest.

34.

Lebensweise.

Nachtigall liebt Busch und Laube,
Würmchen und der Wiese Born,
Nur auf Dächer fliegt die Taube,
Pickt sich Erbse nur und Korn.

Jedes hat so seine Weise,
Die's zum Leben haben muß:
Dichter braucht zu seiner Speise
Immer eines Mädchens Kuß.

Das Mädchen spricht.

35.

Ich schlief; zwei Engel kamen
Und sagten leis' ins Ohr
Ein Wort mir, einen Namen,
Ach den ich ganz verlor.

Ich hab' es überhöret
Vor lauter sel'ger Lust,
Und doch erfüllt's und störet
Mir meine bange Brust.

Helft, Lieder, mir es sprechen,
Lockt ihr es tief hervor:
Aus dem Busen will es brechen,
Und schwellt ihn bang' empor.

36.

Kann man's auch den Blumen wehren
Daß sie sich zur Sonne kehren?
Ja so wachsen, ja so ranken
In der Seele die Gedanken
Geliebter, Geliebter, nach dir!

Alle Blumen immer dürfen
Sonne schauen, Sonne schlürfen:
Ich nur muß dich immer meiden,
Darf mein Herz nicht schauend weiden,
Geliebter, Geliebter, an dir!

O begrabt mein Herz doch lieber,
Wälzet einen Stein darüber —
Wie der Keim die Scholle hebet,
Hebt mein Herz den Stein und strebet,
Geliebter, Geliebter, zu dir!

37.

Seit ich dich sah, träum' ich immer,
Daß ich wär ein Blütenbaum,
Alle Nacht beim Morgenschimmer
Quält mich dieser bange Traum.

Ach zu dir die Zweige neigen
Und dich grüßen kann ich nicht,
Reden will ich und muß schweigen,
Und du gehst und kennst mich nicht.

Käme doch mit frischem Wüthen
Hergerauscht der Morgenwind,
Daß er alle meine Blüten
Schütten möcht' auf dich geschwind!

38.

Nehmt diese beiden Kerzen,
Gleich groß, gleich hell und klar,
Daß sie, als wie zwei Herzen,
Verbrennen am Altar.

Sie werden schaun hinüber,
Ob sie auch gleich gebrannt,
Nicht heller und nicht trüber,
In immer gleichem Stand.

Und wollt ihr sie entzünden,
So thuts zu gleicher Zeit,
Daß sie zugleich auch schwinden:
Eine Braut hat sie geweiht.

39.

Schwalbe, sag mir an,
Ist's dein alter Mann
Mit dem du's Nest gebaut,
Oder hast du jüngst erst
Dich ihm vertraut?

Sag', was zwitschert ihr,
Sag, was flüstert ihr
Des Morgens so vertraut?
Gelt, du bist wohl auch noch
Nicht lange Braut?

40.

Die Trepp' hinunter geschwungen
Komm' ich in vollem Lauf,
Die Trepp' empor gesprungen
Kommt er und fängt mich auf:
Und wo die Treppe so dunkel ist,
Haben wir vielmal uns geküßt,
Und niemand hat's gesehen.

Ich komm' in den Saal gegangen,
Da wimmelt's von Gästen bunt,
Wohl glühten mir die Wangen,
Wohl glühte mir auch der Mund:
Ich meint' es säh' mirs jeder an,
Was wir da mit einander gethan, —
Doch niemand hat's gesehen.

Ich mußt' hinaus in den Garten
Und wollte die Blumen sehn,
Ich konnt' es nicht erwarten
In den Garten hinaus zu gehn.
Da blühten die Rosen überall,
Da sangen die Vögel mit lautem Schall,
Als hätten sie's gesehen.

40.

O Gott, ich glaubt' er grüßte mich,
Wohl dankt' ich ihm geschwinde:
Du armes Herz! er schützte sich
Doch nur den Hut im Winde.

Ich glaubt', er spräng' entgegen mir,
Ich hielt die Arm' ihm offen —
Das galt dem Freund dicht hinter mir,
Und er war sehr betroffen.

Ich barg solang mein liebend Herz,
Nun sprengt' es seine Bande;
Ich trug solang der Liebe Schmerz,
Doch trag' ich nicht die Schande.

42.

Du bist der Fluß, der breit vorüberfließet,
Der nie versiegt und nie verdirbt;
Ich bin die Blume, die den Thau genießet,
Die Blume, die an ihrer Blüte stirbt.

Du bist die Sonne, die mit Lichte segnet,
Und die sich ewig neu verklärt;
Ich bin die Wolke, welche zieht und regnet,
Und die in linden Thränen sich verzehrt.

43.

Ich kann mich an euch nicht weiden,
Ich kann euch nicht sehn und leiden,
Ihr Myrten, ich muß euch verderben,
Ich schlage die Töpf' in Scherben.
Er nannte mich Braut —
Dich pflanzt' ich zum Brautkranz — schon' ich dein?
Drum mußt du eben zertreten sein!

O mein gepflegter Garten,
Dein kann ich nicht mehr warten:
Ich weiß, wo man alles ganz vergißt,
Sagt nur, wo der See am tiefsten ist!

Ich kann mich an euch nicht weiden,
Ich kanu euch nicht sehn und leiden,
Ihr Rosen, ich muß euch zerpflücken,
Entblättern, zerreißen, zerdrücken.
Er nannte mich schön —

Du schönste Knospe, schon' ich dein?
Drum mußt du eben zertreten sein!

O mein gepflegter Garten,
Dein kann ich nicht mehr warten:
Ich weiß, wo man alles ganz vergißt,
Sagt nur, wo der See am tiefsten ist!

44.

Wem der Born ins Herz gegeben,
Der von Liedern überfließt,
Welcher Lieb' und neues Leben
In die alte Welt ergießt:

Zwar es weiß die Welt der Krämer
Nicht zu schätzen seinen Schatz,
Und es dünkt sich viel fürnehmer
Der Beamt' an seinem Platz:

Doch auf seine Achsel nieder
Kommt im Wald die Nachtigall,
Fliegt und kommt vertraulich wieder
Mit der süßen Lieder Schall.

Und es kommen alle Kinder
Gern heran an seinen Schoß,
Und es kommen auch nicht minder
Alle Kinder klein und groß.

Doch vornehmlich alle Schönen,
Alle lieben werthen Fraun
Müssen immer sich gewöhnen
Freundlicher ihn anzuschaun.

Er macht wahr, was nie geschehen,
Wunder sind ihm zur Natur,
Lehret was er nie gesehen,
Spendet was er nie erfuhr.

Unversiegt aus innerm Leben
Schöpft er die Gestalten her:
Wißt ihr, was er euch kann geben?
O das wißt ihr nimmermehr!

Jugend, welche nicht veraltet,
Weisheit, welche nicht verdirbt,
Leben, welches nicht erkaltet,
Eh das letzte Herz nicht stirbt.

45.

Rührt euch und schafft, erwerbet
Nach braver Männer Art —
Das Geld das ist ererbet,
Das hab' ich stets gespart.

Vergeudet und verschwendet
Nicht so in Saus und Braus —
Was Gott mir zugewendet
Trank ich im Stillen aus.

Und die unbänd'gen Triebe
Bezähmt und wehret ab —
Gott Dank! der für die Liebe
Kein heißes Blut mir gab.

„Drum bist du auch so lieblos
So nüchtern und so lahm,
So schwunglos und so trieblos
Und so verzagt und zahm."

„Bei Reichthum und bei Jugend
Bist du doch alt und arm,
Und bist bei aller Tugend
Ein Lump, daß Gott erbarm!“

46.

Vogelsprache.

Was schmettert die Nachtigall in den Wald,
Daß es weit durch den sonnigen Busch erschallt?
Was jubelt die Lerch' in der Himmelwelt,
Daß schallet die Wies' und das Aehrenfeld?
  Sie rufen, sie rufen: Wir machen's bekannt,
  Daß jeder es wiss' in dem ganzen Land,
  Drum rufen wir es so laut, so laut:
  Wir sind jetzt Bräutigam und Braut.

Was flötet die Nachtigall leis' am Teich,
Was flötet sie süß im dunkeln Gesträuch?
Was flüstert die Lerche da tief im Korn
Was sagt sie geheim den Blumen am Born?
  Ihr Blumen, ihr Blumen, ich sag's euch vertraut,
  Unser kleines Nestchen das ist gebaut.
  Aber sagt es nicht weiter: dort, ja dort,
  Am allerheimlichsten, traulichsten Ort.

47.

Well' auf Welle gleitet nieder
Nach dem bodenlosen Meer,
Keine kehret jemals wieder
Keine ruft man wieder her.

Nun was thut's des Stromes Wogen?
Fließet er nicht immerdar?
Denn so viel hinabgezogen,
Kommen andre Schaar auf Schaar.

Aber unsre Stunden eben
Rollen abwärts ihren Lauf,
Und die Thaten und das Leben
Ach die hält man nimmer auf.

Schrecklich für des Menschen Seele,
Und sein Herz muß untergehn;
Götter nur sind ohne Fehle,
Und ihr Werk nur kann bestehn.

Einmal nur zurücke kehren,
Einmal That und Wort zurück,
Und statt Schmerz und Kummer wären
Dann im Herzen Freud' und Glück.

Drum wer leidet, lern vergeben,
Und wer that, der lern bereun:
Denn wer wollte sonst das Leben,
Und wer könnte Mensch noch sein?

48.

Immer querfeldein.

Ich find' es so stäubig auf Straßen und Wegen,
Da fühlt sich mein Herz so beengt und gedrückt,
Sie haben die Blumen mir allerwegen
Zerfahren, zertreten und abgepflückt.
Drum wandr' ich nach eigener Weise
Und meide befahrene Gleise:
Immer querfeldein
Ueber Stock und Stein,
Durch Dorn und Busch,
Wie der Vogel, husch!

Und hinter dem Dickicht was lässet sich schauen?
Da blühen die Blumen so dicht und traut,
Die rothen, die gelben, die weißen, die blauen;
Ich lagre mich unter das blühende Kraut
Und über mir schweifen die Bienen
Und meine Gedanken mit ihnen:

Immer querfeldein
Ueber Stock und Stein,
Durch Dorn und Busch,
Wie der Vogel, husch!

Und weiter durchs Dickicht mit meinen Gedanken,
Und siehe, da find' ich den sonnigen Ort,
Da wuchern im Feuchten die Kräuter, die Ranken,
Die Vöglein die singen da immer fort,
Wo keiner belauschet und störet
Und nur der Dichter sie höret:
Immer querfeldein
Ueber Stock und Stein,
Durch Dorn und Busch,
Wie der Vogel, husch!

Ich wandre, wo vor mir noch keiner gegangen,
So findet mein schlagendes Herz nur Ruh,
Mir streicheln die sonnigen Zweige die Wangen,
Und hinter mir schlagen sie wieder zu!
Lebt wohl ihr Sänger zur Seite,
Ich zieh' in die offene Weite!

Immer querfeldein
Ueber Stock und Stein,
Durch Dorn und Busch,
Wie der Vogel, husch!

49.

Ich habe keine Schulden
Und habe noch Einen Gulden!
Juchhe!
Mir ist zu Mut,
Wie dem Fisch in der Flut,
Und schwinge den Hut,
Juchhe!

Nun laßt uns frisch von dannen
In die Berge mit den Tannen!
Juchhe!
Wo auf den Höhn
Muntre Mädchen gehn,
Die grüßen wir schön,
Juchhe!

Ihr Matten und ihr Städtchen,
Ihr Tannen und ihr Mädchen,
Ade!
Auf Wiedersehn!
Brüder, 's Wandern ist schön
Doch's Scheiden thut weh:
Ade!

50.

Nur sechs schmale schlichte Bretter
Und ein wenig Hobelspan:
Unterm Dach der grauen Blätter
Da begrabt mich müden Mann!

Wenn ich endlich nicht mehr leide,
Bei der Weide sei mein Grab:
Wie der morschen hohlen Weide,
Starb das Herz mir innen ab

Abgehaun die Aest' und Triebe
Hat man, Weide, dir und mir,
Aber mir dazu die Liebe
Riß man aus dem Herzen hier.

51

Lasse dich nicht ganz verzehren,
Halt' es nur noch aus, mein Herz,
Denn es kann nicht immer währen
Dieser heiße heiße Schmerz.

Endlich muß er sich vermindern,
Wenn er ausgetobet hat,
Alles kann die Zeit ja lindern,
Gott im Himmel hat ja Rath.

Ach, wenn es zuletzt ersterben,
Fühlt nicht mehr das stumpfe Herz:
Herz, sei niemals so verderben,
Ungelindert blute, Schmerz!

Wie die Todten sind genesen,
So genest zuletzt das Herz:
Nein noch will ich nicht verwesen,
Blute, blute nur, mein Schmerz!

52.

Ich find' im Hain hier Grabeshallen!
Man kann durchs offne Gitter sehn.
So will ich nicht vorüber wallen,
Die Inschrift will ich lesen gehn.

Zwei neue Särg'; es ruhn in Frieden
Die Mutter und ihr Kind so traut;
An Einem Tag sind sie verschieden,
Und ach, die Tochter starb als Braut.

Da sitzen sprachlos an der Mauer
Und starren nach des Grabes Rand
Ein Jüngling und ein Greis in Trauer,
Und jeder hält des andern Hand.

Der sollte nicht sein Eidam werden,
Und dieser nicht sein Vater sein,
Es eint sie nur der Schmerz auf Erden,
Es eint ein Band sie, fern und rein.

O habet Trost in eurem Leiden,
Es weine sanfter sich das Herz —
Ich aber kann euch nur beneiden:
Was seid ihr reich in eurem Schmerz!

Ihr seid nicht einsam und verwaiset,
Das Herz besaß, es liebt das Herz:
Ich aber bin so weit gereiset —
Was seid ihr reich in eurem Schmerz!

53

Nun still! uns will ein Lied gelingen,
Wir Sänger wollen wieder singen,
Was uns in deutscher Seele blüht.
Wir singen nur, wo man will lauschen,
Wer sänge bei der Mühle Rauschen
Ein Lied aus innigem Gemüt.
Nun laßt die geschwätzige Zeitung schweigen,
Wir sind die Sänger, und wollen's zeigen!

Ihr werft dem Blinden mit der Geige
Almosen zu, damit er schweige,
Er spielte gern sein Stückchen aus:
Soll das der Dichter auch erproben,
Er will ja nicht, ihr sollt ihn loben,
Doch ihr verschließt ihm Herz und Haus.
Und laßt die geschwätzige Zeitung schweigen,
Wir sind die Sänger, und wollen's zeigen!

Es war bei Mächtigen und Großen
So lange deutscher Sang verstoßen:
Ihr Kleinen nun, verstoßt uns nicht,
Eröffnet weit uns eure Pforten,
Die Herzen öffnet unsern Worten,
Ein Heil ist, was der Sänger spricht.
Und laßt die geschwätzige Zeitung schweigen,
Wir sind die Sänger, und wollen's zeigen!

54.

Winterbilder.

Es weicht die Nacht und überm Hügel
Glimmt rother Schein am Himmelssaum,
Noch birgt der Vogel unterm Flügel
Sein träumend Haupt in weichen Flaum.

Nur leise schallen helle Stimmen,
Die bald verhallen überm See,
Im Kloster seh ich Kerzen glimmen,
Und Nonnen gehn durch zarten Schnee.

Ein stiller Zug von wenig Schwestern:
Es stirbt das Nonnenkloster aus;
Davon verschied die jüngste gestern,
Man senkt sie in des Grabes Haus.

Darauf ein still Gebet der Frauen,
Doch keine heiße Thräne rinnt,
Kein Schluchzen tönt, und ist zu schauen
Kein trostberaubter Mann, kein Kind.

Es fallen leichte Flocken nieder,
Und nichts ist von dem Grab zu sehn,
Und weit und breit ist Stille wieder,
Und Tag wird's, als ob nichts geschehn.

55.

Die Morgennebel wallen nieder,
Es hebt der Wald sich aus dem Duft,
Kein Hälmchen wankt, am Halsgefieder
Des Vogels spielt kein Hauch der Luft.

Kein Laut erschallt: es würden fliegen
Die lockern Flocken von dem Baum,
Die auf den kleinen Aestchen liegen,
Und auf schlafmüder Vögel Flaum.

Nur schreitet einsam, scheu und leise
Und sieht sich um das junge Reh,
Behutsam auf des Waldbachs Eise,
Und drückt die Spur in dünnen Schnee.

Der Jäger, der weit drüben lauert,
Horcht nur der Waldesstille zu,
Und setzt, da's ihm zu lange dauert,
Den schon gespannten Hahn in Ruh.

56.

Einrichtung.

Klein Lieschen, klein Lieschen, ich hab' dich so lieb,
Nun sei mein Liebchen, du Herzensdieb.

Lieb Hänschen, lieb Hänschen, du sprichst gar fein,
Mußt mich heirathen, sonst kanns nicht sein.

Klein Lieschen, klein Lieschen, wir richten uns ein,
Wir brauchen nur wenig, wir brauchen's nur klein.

Lieb Hänschen, lieb Hänschen, wo ist dein Haus?
Wir müssen doch schlafen, wenn's finster drauß.

Klein Lieschen, klein Lieschen, wir ziehn waldein,
Und treibens im Grün, wie die Vögelein.

Lieb Hänschen, lieb Hänschen, das Bettelein,
Wir müssen doch haben ein Bettchen klein.

Klein Lieschen, klein Lieschen, die Federlein,
Gern gebens die kleinen Vögelein.

Lieb Hänschen, lieb Hänschen, wo stellen wirs hin?
Drum ist nur in Sorgen, in Sorgen mein Sinn.

Klein Lieschen, klein Lieschen, wir stellen's hinein
In die Zweiglein, die wiegen so lieblich uns ein.

Lieb Hänschen, lieb Hänschen, du weißt Bescheid,
Wie aber vertreiben wir uns die Zeit?

Klein Lieschen, klein Lieschen, da sieh im Rohr:
Sie brütet im Nestchen, Er singt ihr was vor.

Lieb Hänschen, lieb Hänschen, du singst gar schön,
Und unsere Heirath, das wird schon gehn!

57.

Eine kleine Wassermücke
Schwamm auf einem See daher,
Doch ein Stichling voller Tücke
Kam ihr eben in die Quer.

Um die Mücke zu erschnappen
Riß er weit sein Mäulchen auf;
Doch ein Hecht, ihn zu ertappen,
Stieß auf ihn in gradem Lauf,

Und er hätt' ihn auch verschlungen,
Eh er noch die Mück' erwischt,
Hätte sich dahergeschwungen
Nicht ein Storch und ihn gefischt.

Aber als soeben nieder
Schoß der Storch auf unsern Hecht,
Zielt' ein Sonntagsjäger wieder
Auf den Storch, und zielte recht.

Sicherlich hätt' er geschossen
Die langbein'ge Creatur,
Doch auch ihm geschah ein Possen,
Eh der Schuß dem Rohr entfuhr.

Denn wie er soeben zielet
Auf des Hechtverfolgers Herz,
Springt die Schwester her und spielet
Mit dem Bruder ihren Scherz.

Nämlich schnell mit ihren Händen
Hielt sie ihm die Augen zu:
Alles mußte nun sich wenden:
Was geschah das rathe du!

Aber ich kam just gegangen,
Wie sie ihm die Augen schloß,
Und ich nahm sie schnell umfangen,
Deren Kuß ich süß genoß.

Zweites Buch.

1.

Die goldene Schnur.

Als Waise kamst du in unser Haus,
Als Waise sollst du nicht ziehn hinaus,
Nicht ohne Gabe von hinnen gehn,
Daß Fraun dich kennen, das soll man sehn.

Nimm drum die Kraus' und die goldene Schnur,
Und nimm es an für den Willen nur:
Sehn's ferne die Mädchen, wol nennen sie's fein,
Und denken, das mag von der Schwester sein.

So schied der Bursch mit Lieb' aus dem Haus,
Und wanderte nun in die Fremd' hinaus.
Der Alte bracht' ihn bis an das Thor,
Sie sah ihm nach, bis sie ihn verlor.

Drei Bursche gingen vorbei danach,
Zu den Wandrern so das Mädchen sprach:
Geht schnell, so holt ihr noch einen ein,
Der wird ein lieber Genoß euch sein.

Eine Goldschnur trägt er auf seiner Brust,
Und in feiner Krause das Haupt mit Lust,
Und trefft ihr ihn, grüßet ihn noch von mir.
Die drei Bursche die versprachen es ihr.

Und wieder kamen nach einem Jahr
Die drei Bursche, da es Abend war,
Da stand das Mädchen vor ihrer Thür,
Sie fragte: Grüßtet ihr ihn von mir?

Und trägt er noch die goldene Schnur,
Und sagt mir, ob er viel Gutes erfuhr.
Da sagten sie: Räuber ergriffen ihn,
Weil er von uns allen der feinste schien.

Und alles gern er den Räubern bot,
Nur eins nicht, und ging drum in den Tod:
Das war ein fein goldenes Schnürelein,
Das mochte von seiner Liebsten sein.

Da weinte das Mädchen ach viele Jahr:
O warum schnitt ich nicht ab mein Haar
Und flocht aus dem Haar nicht die Schnur für ihn,
So hätten die Mörder ihn lassen ziehn.

Doch hätt' es verrathen mein Herz zu laut,
Ach, schmücken durft' ich ja nur mein Traut,
Und der schönste Schmuck den ich ihm bot,
Der brachte dem Liebsten so den Tod.

2.

Kaiser Heinrichs Waffen.

Als Heinrich Kaiser ward im Reich,
Schickt er zum Waffenschmidt sogleich:
Er soll dem Kaiser schaffen
Die kaiserlichen Waffen.

Zu Goßlar war's im hohen Schloß;
Da tummelt sich der Diener Troß,
Da will der Kaiser kühle
Ruhn in der Mittagsschwüle.

Erst hing er Schwert und Schildesrand
Zu seinen Häupten an die Wand,
Und streckt' aufs Lager nieder
Die kaiserlichen Glieder.

Da fuhr ins Schloß ein Donnerschlag
Dicht neben wo der Kaiser lag —
Er aber schlief in Frieden,
Den Gott gesalbt hienieden.

Die Diener stürzen schnell zu Hauf,
Da wacht der Kaiser ruhig auf,
Sieht staunend seine Waffen
Noch heiß und umgeschaffen.

Er rief mit freudigem Gemüt:
Man schmiede, wenn das Eisen glüht,
Und schwang sogleich den Hammer,
Daß dröhnte Haus und Kammer.

Und als darauf der Schmidt erschien
Des Kaisers Willen zu vollziehn,
Ganz seines Winks gewärtig:
War Schild und Schwert schon fertig.

Das Schwert das er sich selbst gemacht,
Der Kaiser schwang's in mancher Schlacht,
Der Schild, vom Blitz geschmolzen,
Hielt gegen Spieß' und Bolzen.

Das Schwert von Gottes Blitz geweiht
Schwang zürnend er wie Blitz im Streit,
In zwei und sechzig Kämpfen
Des Reiches Feind zu dämpfen.

3.

Die arme Sünderin.

Eine Maid wird Mutter in stiller Nacht:
Ihr bringt's nicht Glück, nur Schande!
Mit Thränen hat sie's umgebracht,
Begräbt's im Gartenlande,
  Wo die Hollunderbüsche stehn —
  Keiner hat's gemerkt, gesehn.

Die Schwache hat nicht Ruh bei Nacht
Sie meint, man spür' es balde,
Scharrt's aus und hat's in den Wald gebracht,
Begräbt's bei Nacht im Walde,
  Wo die dichten Haselsträucher stehn —
  Keiner hat's gemerkt, gesehn.

Doch liegt's der Kranken stets im Sinn:
Da wittern's Jägers Hunde,
Scharrt's aus bei Nacht, trägt's wieder hin,
Versenkt's in des Brunnens Grunde,
  Wo die Eimer auf und nieder gehn —
  Keiner hat's gemerkt, gesehn.

Doch die Bleiche, sie findet Ruhe nicht:
Da ist es schlecht geborgen.
Sie geht beim frühsten Dämmerlicht,
Sie fischt bis an den Morgen:
  Da kommen Leut' herbeigerannt —
  Die arme Sünd'rin hat's bekannt.

4.

Das Mädchen und der Rapp.

Rapp, vom Fenster! sieh, der Rapp
Meine Kresse frißt er ab!
Wollen ihm die Blumen schmecken,
Die ihm roth im Maule stecken?

Rapp, und diesen schönsten Strauß
Nehm' ich selber dir nicht aus;
Doch vergiß nicht Haus und Brücke;
Deinen Herrn bring' mir zurücke.

Und das Mädchen Tags danach,
Wieder so zum Rappen sprach:
Laß den schlanken Hals dir küssen,
Rapp, und etwas sollst du wissen.

Der dein stolzer Reiter ist,
Hat mich auf den Mund geküßt;
Wie er kam voll Glut und Siegen,
Mußten wir in die Arm' uns fliegen.

Aber wenn das Schießen kracht,
Wanke, Rapp, nicht in der Schlacht;
Strecke stark die schlanken Glieder,
Trag' ihn durch und bring' ihn wieder.

Wieder sprach sie Tags darauf:
Hört das Schießen gar nicht auf?
Doch er sprengt auf unsre Brücke! —
Rapp, du bist allein zurücke?

Vor der Thür auf ihrer Bank
Weinte sie und händerang,
Doch als sie emporsah wieder,
Sterbend lag das Roß danieder.

Rapp, so ists mit dir auch aus!
Doch du kamst noch an mein Haus,
Seinen Tod mir anzusagen,
Hast du todtwund dich getragen.

Warst noch dem Geliebten treu,
Wußtest wer sein Liebchen sei,
Brachtest der den Gruß voll Schmerzen,
Die er küßte Herz am Herzen.

5.

Die Fahne.

Die Fahne die ich trage,
Daß sie im Häuflein rage,
Die trug der beste Mann,
Der sie mit kühnem Mute
Und seinem theuern Blute
Aus Feindes Hand gewann.

Er sprach: Und wenn wir sterben,
So soll der Feind erwerben
Kein Stück von diesem Taft.
Er schwang sie stolz im Winde,
Und riß darauf geschwinde
Die Fahne von dem Schaft.

Hat sie sich umgebunden,
Und stürzte voller Wunden
Vom Fels sich in die Flut.
Ihm folgt' ein Kugelregen,
Er schwamm dem Strom entgegen,
Und färbt' ihn roth mit Blut.

Und ach, im Kampf der Wogen,
Ward er hinabgezogen,
Doch trieb der Strom ihn fort.
Der trug ihn auf den Wellen
Zu seinen Kriegsgesellen,
Zum sichern Lagerort.

Die Fahn' hatt' er gerettet,
Er aber lag gebettet
Bleich auf des Ufers Sand;
Fest um den Leib geschlungen,
Von seinem Blut durchdrungen,
Hat man die Fahn' erkannt.

Und die wir schon verloren,
Sie ist uns neu geboren,
Weht stolzer vor dem Heer!
Hat uns im heil'gen Kriege,
Geführt von Sieg zu Siege,
Hoch vor dem Häuflein her!

Die beiden Mädchen.

Aus dem Felde kehren die Sieger im Chor;
Zwei Mädchen gingen hinaus vor das Thor.

Sie kommen, sie kommen dahinten im Staub,
Sie kommen mit Kränzen von Eichenlaub!

Geliebte, da bin ich, bin frisch und gesund!
Da gab es ein Küssen Mund auf Mund.

Ich seh, daß du Fähndrich geworden bist;
Doch sprich, wie die Fahne zerrissen ist?

So viele Kugeln in Kampfes Noth,
Umflogen mich Mädchen und drohten den Tod!

Wie das andere Mädchen die Fahne sah,
Ins Tuch zu weinen begann sie da.

O sprich, wer trug die Fahne vor dir?
Denn wohlbekannt ist die Fahne mir.

Die trug der allerbeste Soldat,
Der hat sie gerettet durch seine That.

Wir begruben ihn da mit aller Ehr',
Und neben ihn legten wir seine Wehr.

Doch zog ich den Ring ihm vom Finger ab,
Den gab ich ihm nicht mit in sein Grab.

Denn er hieß mir: Wenn ich gefallen bin,
Nimm, bring' ihn der Stillgeliebten hin.

Ach Gott, den Namen vergaß ich zu bald,
Und schlank ist manche wohl von Gestalt.

Da barg das Mädchen ihr Angesicht,
Die Thränen stillen konnte sie nicht.

Er sprach: da sie doch so schmerzlich weint,
Vielleicht, daß mein Kamrad sie gemeint.

Nimm hin den Ring, und wärst Du es nicht,
Nicht besser erfüll' ich ja meine Pflicht.

Sie zögerte nicht, sie nahm ihn sogleich,
Sie sprach: O Gott, wie bin ich so reich!

Beseligt gingen zur Stadt sie hinein,
Die zwei umarmt und die Eine allein.

6.

Die Wiederkehr.

Der Garten ist größer, doch schlecht bestellt,
Und die breite Linde die ist gefällt,
Und fort der Sitz, wo sie bei mir saß,
Ich seh daran, daß sie mich vergaß.

Auch die Laub' ist fort, die ich ihr gebaut,
Wo sie mein war, wo wir saßen so traut.
O wie die Falsche gethan an mir,
Der gerechte Himmel vergelt' es ihr!

Sie ist es, die in der Thür erscheint —
Ach sehr gealtert und sehr verweint,
Doch ist sie so sanft noch und voll Geduld,
Vielleicht, die Gute, sie ist nicht Schuld.

Auf der Treppe spielen zwei Kinder da,
Die lieblichsten Kinder, die ich sah.
Sie kommt, o daß sie mich nicht erblickt;
Was aber ist ihr, denn sie erschrickt.

„O Kinder, was habt ihr der Mutter gethan,
Die Laute zerbrochen! was fang' ich an!
Der sie spielt', ist todt oder weit vom Ort,
Und mein letztes Angedenken ist fort."

Und wenn es denn fort ist, wol um so ehr
Vergißt sie mich nun und weinet nicht mehr;
So will ich denn still nur vorüber gehn:
Ich habe doch noch die Gute gesehn.

7.

Die Kindesmörderin.

Seh mir keiner an mein Weinen,
Denn ich will gefaßt erscheinen,
Habe Kraft, gebrochnes Herz;
Kraft ja brauchst du um zu hassen
Ihn, der treulos dich verlassen,
Und dich stieß in Schmach und Schmerz.

Alles: Herz und Lieb' und Leben,
Seel' und Ehr' hab' ich gegeben,
Ihm ein flüchtiger Gewinn.
Nachts die seligste der Bräute,
Morgens er von meiner Seite,
Wirft mir kalt sein Goldstück hin.

Ob ich meinen Fehl bereue?
Wen gereute Lieb' uud Treue!
  Doch verachtet sein macht Schmerz.
Sie ist keine feile Dirne,
Sondern stolz ist ihre Stirne,
  Wie es liebt, so haßt ihr Herz!

Kommt geflogen, schwarze Raben,
Ihr sollt dieses Goldstück haben,
  Tragt es an den Rabenstein,
Dem ich dort zu liegen gönne
Sagt, daß Liebe fehlen könne,
  Aber nicht verachtet sein!

Bist du deiner That geständig?
Ja; geboren ward's lebendig,
  Und ich hab' es umgebracht.
In des Rabenvaters Sache,
Nahm ich an dem Kinde Rache,
  Und das that ich mit Bedacht.

Nun, dein Urtheil ist gesprochen,
Wie ich diesen Stab gebrochen,
So sollst du gerichtet sein.
Wegen Kindesmords dein Leben
Mußt du auf dem Rade geben,
Schimpflich auf dem Rabenstein.

Aus einander tritt die Menge,
Und es mehrt sich das Gedränge:
Seht die Sünd'rin! Sie ist fein!
Die Verstockte hats begangen,
Keine Thrän' auf ihren Wangen:
Dafür gehts zum Rabenstein.

8.

Wo die Unken stöhnen,
Am verwachsnen Teich,
Schwebt mit süßen Tönen
Und mit süßem Leib,
Schön aber bleich,
Still im Mondenschein ein Weib.

Kam ein Bursch soeben,
Lauschte dem Getön:
Gings mir an das Leben,
Mich entzückt ihr Leib,
Bleich aber schön:
Muß dich haben schlankes Weib!

Gleich wie Unken stöhnen,
Flehte die Gestalt
In so bangen Tönen:
Hör mein Flehen, Mann,
Thu mir nicht Gewalt,
Rühre du mein Kleid nicht an.

Er hat sie umschlungen,
Und geküsset lang,
Sie hat ihm gesungen
Einen Ton ins Ohr,
Süß aber bang,
Den sein Ohr nicht mehr verlor.

Morgens seine Schwestern,
Die erschraken gleich:
Ach du bist seit gestern,
So verwandelt ganz.
Schön aber bleich,
Fort ist deines Auges Glanz.

Wenn mein Aug gebrochen,
Grabt mein Grab am Teich.
Wie er dies gesprochen,
War die Stimme fort,
Und kalt und bleich,
Kam er bald zum feuchten Ort.

9.

Der Nußbaum.

Herr Nachbar, zu Gefallen mir,
Fällt euren breiten Nußbaum hier:
Ich weiß, ihr habt ein Aug' auf sie,
Mein Mündel Suschen, Nachbar, wie?
Ich denk', ihr wäret ein schmuckes Paar,
Gleich stattlich und hübsch und groß fürwahr:
Doch fällt mir den Wallnußbaum zuvor,
Er nimmt mir die Aussicht nach dem Thor.

Der springt, wie fröhlich! sogleich ins Haus,
Er holt die geschliffene Axt heraus,
Er schwingt sie in Hast, er schwingt sie mit Kraft,
Die Spähne springen, es sprützt der Saft,

Da wankt der Baum und knarrt und kracht,
Und stürzt mit seiner Zweige Pracht:
Der schöne Baum! er liebt' ihn sehr,
Allein schön Suschen liebt' er mehr.

Herr Nachbar, kommt und seht's euch an,
Nach eurem Willen ist gethan,
Kommt selbst und seht den leeren Ort
Herr Nachbar, und nun haltet Wort.
Der Nachbar spricht: Was ist geschehn,
Ich glaub' ihr könnt nicht Scherz verstehn,
Mein Suschen hat man nicht sogleich,
Und ihr seid arm, und sie ist reich.

Er ging nach Haus voll Schmerz und Gram,
Er saß auf seines Baumes Stamm,
Der lag am Boden hingestreckt,
Mit grünen Nüssen reich bedeckt,
Im Garten lag er und hatt' im Fall,
Zerschmettert Beet' und Blumen all.
Der Arme sah es und weinte sehr,
Er schaut' hinüber und weinte noch mehr.

Da saß er noch immer stumm und taub,
Und sah verwelken am Baum das Laub.
Das Haus steht kahl, kein Schatten davor,
Der Nachbar schaut vergnügt nach dem Thor;
Schulknaben stehen betrübt umher:
Nun giebt es keine Nüsse mehr;
Schön Suschen traurt um den schönen Baum,
Doch was geschehn, das ahnt sie kaum.

10.

Breit Uffo.

Wermundus der war brav und stark,
Er und sein ganz Geschlecht,
War auch berühmt in Dänemark,
Und überall mit Recht.
Allein an seinem Erben,
Schien dieser Ruhm zu sterben.

Breit Uffo, so hieß Wermunds Sohn,
Der war von Schultern breit,
Und war in Mannes Jahren schon,
Doch Arbeit war ihm leid.
Faullenzen schien ihm besser,
Und war ein guter Esser.

Er war so plump und ungeschickt,
Was er ergriff und nahm,
War gleich zerbrochen und 'zerdrückt,
Verbogen krumm und lahm;
Dabei gar zu bequemlich,
Zum Fechten ganz vornehmlich.

Held Wermund dachte drüber nach,
Wie er vom Stamme sein
Abwende seines Sohnes Schmach,
Da fiel ihm dieses ein:
Wenn er ein Schwert nur fände,
Das jeden Streit bestände.

Nun ging die Sag' im Dänenland,
Es läg' ein Riesenschwert,
Tief unter eines Hügels Sand,
Das Schwert sei tausend werth,
Und wer das Schwert erwürbe,
Daß er im Kampf nicht stürbe.

Sie gruben drum den Hügel ab,
Und gruben, gruben tief,
Und wie sie kamen an das Grab,
Allwo der Riese schlief,
Ließ dumpfer Ruf sich hören:
Wer wagt's, mein Grab zu stören!

Da liefen all' in schnellem Trab,
Und ließen Grab und Ort,
Nur Uffo saß und scharrt' im Grab
Mit seinen Füßen fort,
Bis seine Füße stießen,
An das Gebein des Riesen.

Da ward's im Grabe fürchterlich,
Ein Feuer schlug hervor,
Und hob der Riese sitzend sich,
Ein starr Gerippe, empor:
Die es von ferne sahen,
Verlangten nicht zu nahen.

Breit Uffo aber saß und sprach:
Wenns, Riese, dich verdrießt,
So trag' es meinem Vater nach,
Ich thu, was der beschließt:
Dein Schwert soll ich besitzen,
Dir kanns ja doch nichts nützen.

Der Riese nun verschwand zum Glück,
Und Uffo nahm das Schwert;
Er aber rief ihn selbst zurück:
Mir ist dein Schwert nichts werth,
Du mußt den Zauber sagen,
Wie ich damit soll schlagen.

Da rief der Riese dumpf und hohl:
Hau immer grade drein!
Dies merkte sich breit Uffo wohl,
Er sprach: das soll wohl sein! —
Doch eins ist zu bedenken:
Willst du das Schwert mir schenken?

Wie laut er rief, der Riese schwieg;
Das kümmert' ihn gar sehr,
Drauf, wie er aus dem Grabe stieg,
Kam Wermund auch daher,
Der nicht den Augen traute,
Als er das Schwert erschaute.

Nun aber war im Dänenland,
Kein Panzer der ihm paßt,
Und als sich endlich einer fand,
Der Uffo's Brust umfaßt:
Beim Athemholen sprangen,
Die Eisenring' und Spangen.

Man flickte noch so gut es ging,
Mit Nieten hier und da
Ein Eisen an, das drüber hing:
Es lachte wer es sah;
Die Kühnen und die Recken,
Begannen ihn zu necken.

Es war der Ort, wo dies geschah,
Ein Eiderinselein;
Der Vater, der's von drüben sah,
Rief: Uffo, schlage drein!
Nimms auf mit allen diesen,
Du hast das Schwert des Riesen!

Breit Uffo aber sorgt und denkt:
Wenn mir das Schwert zerbricht,
Der Riese hat mirs nicht geschenkt:
Drum schlag' ich lieber nicht.
Und ließ sich lieber schlagen,
Das wollt' er schon vertragen.

Der Vater Wermund siehts und spricht:
Ich überlebe, Sohn,
So große Schande länger nicht,
Und zückt ein Messer schon,
Und will damit soeben
Den Todesstoß sich geben.

Zur rechten Zeit sieht Uffo das,
Er zieht das Schwert und spricht:
Nun immerhin, zerbrichts wie Glas,
Mein Schaden ist es nicht.
Und schlägt gerad' hernieder,
Auf seines Gegners Glieder.

Mit Freuden sah das Wermund an,
Sohn, was erleb' ich noch!
Mein Sohn hat einen Hieb gethan,
Kommt all' und freut euch doch!
Nun Uffo, sag mir offen.
Wo hat dein Hieb getroffen?

Verlegen stand breit Uffo da,
Denn sagen konnt' er's nicht:
Wie man die Wunde recht besah,
So ging sie durchs Gesicht,
Durch Brust und Bauch und Rücken;
Der Kerl lag in zwei Stücken!

12.

Don Vergilios.

Donna Blanca sitzt im Erker,
In des Königs hohem Schloß,
Aber in dem dumpfen Kerker,
Schmachtet Don Vergilios.
Längst der Schönen ists vergessen,
Daß der Starke sie entehrt,
Der im tiefen Thurm indessen,
Ganz vergessen sich verzehrt.

Sieh, da führt sie nach dem Mahle
Einen feinen Knaben vor,
Wie kein Fürst zum Dienst im Saale
Einen schönern je erkohr.
Und der König wohl erkannte,
Wessen Bild der Knabe trägt,
Wie er ihr den Namen nannte
Wurde Blanca tief bewegt.

Doch die Königin, die gute,
Nahm mit Freundlichkeit das Wort:
Warum bleibt der hochgemute
Don Vergil von Hofe fort? —
Königin, wir schaun vom Erker
Auf dem Meer dem Segeln zu:
Don Vergilios sitzt im Kerker
Funfzehn Jahr in guter Ruh.

Auf! ich will ihm ja verzeihen,
Zu dem Kerker sei mein Schritt,
Don Vergilios zu befreien,
Und der Page komme mit.
All die hohen Tafelgäste
Stiegen nun zum Thurm hinab,
Von dem lichten Jubelfeste
In der Tiefe dumpfes Grab.

Don Vergilios, edler Ritter,
Lebt ihr hier in ew'ger Nacht?
Euer Schicksal war zu bitter,
Wie habt ihr die Zeit verbracht? —

Ihr dort oben schaut den Segeln
Zu auf ihrer blauen Fahrt:
Ich hier mit den langen Nägeln
Kämme meinen weißen Bart.

Bleibt zurück! mit heißem Stechen
Blendet mich der Kerzen Licht:
Schließt die Thür, die Strahlen brechen
Schneidend in mein wund Gesicht.
Aber süß, wie Seim der Imme,
Hört' ich einer Stimme Klang:
Komm zu mir, du süße Stimme,
Deiner, ach, entbehrt' ich lang.

Sprach die Königin: Vergeben
Ist dir, Held, und Gnad' ist dein,
Komm' in meinem Schloß zu leben,
Trinke Wein im Sonnenschein.
Don Vergilios sprach: Ich bitte,
Eine Gnade nur von dir;
Hebt von dannen eure Schritte,
Doch, du Süße, bleibe hier.

Und er sprach: Am Strahl der Sonne,
Altert und verwelkt man nicht;
Liebchen, welche Frühlingswonne
Strahlt dir von dem Angesicht.
Ach, daß ich dich wiederhabe! —
Doch noch sind wir nicht allein,
Denn hier steht ein Edelknabe,
Lauscher unsres Worts zu sein.

Willst du nicht den Knaben schauen?
Sprach sie, dieser Knab' ist mein!
Schau sein Aug' und seine Brauen,
Er ist unser, er ist dein!
Nieder wallt mit schweren Locken,
Um den Nacken dunkles Haar,
Doch am Kinn schon leichte Flocken,
Und ums frische Wangenpaar.

Don Vergilios stand, geblendet
Von dem Glück und Jugendschein,
Denn vom Himmel hergesendet
Schiens ein Engel ihm zu sein,

Den er zaudert zu berühren,
Und er betet himmelwärts;
Donna Blanca muß ihn führen,
An des Vaters schlagend Herz.

Ach, mit heißen Thränengüssen
Ueberströmt er seinen Sohn,
Und er trinkt von seinen Küssen,
Neuen Lebensodem schon.
Doch er spricht: o laßt uns fliehen!
Offen steht des Kerkers Thor,
Laßt uns weit von dannen ziehen,
Führet mich zum Tag empor!

Ach, wie welk sind meine Glieder,
Und wie weiß mein Bart am Licht:
Doch die Jugend hab' ich wieder,
Schau' ich dir ins Angesicht:
Ja es ist der Mutter Güte
Ganz in deinem süßen Blick,
Kind, du bringst in deiner Blüte,
Mir des Lebens Raub zurück!

12.

Claudia.

Der Vesta dient die schöne Claudia:
Ein stiller Dienst; sie aber leidet sehr.
Daß sie so schön ist, das entgilt sie schwer,
Der Schönheit freilich ist die Liebe nah.

„O Priesterin, ich trag' es jetzt nicht mehr,
Die Schwestern meiden mich mit schelem Blick:
O Priesterin, verdien' ich dies Geschick?
Sagt, was verbrach ich, denn ihr straft mich schwer?"

Die hohe Priesterin gestrenge spricht:
Du trage nur dein Leiden in Geduld,
Denn du am besten kennest deine Schuld;
Ihr Name darf aus meinem Munde nicht.

O Priesterin, so laßt mich schuldig sein,
Mir hilft ja nicht Betheuerung und Schwur;
Erlöset mich aus diesem Elend nur,
Nehmt mich und mauert mich lebendig ein!

O, gäb' es eine Probe zu bestehn — —
„Versuche du die heil'ge Göttin nicht,
Die sich erfreut am reinen lautern Licht,
Dein aber ist ein finsteres Vergehn.“

Und Claudia wankt, gebrochnen Herzens, fort:
Ich bin, o Göttin, keines Wunders werth,
Du aber kennst mein Herz an deinem Herd.
Drauf sank sie nieder an dem heil'gen Ort.

Und das geschah zur Zeit der großen Noth,
Als Rom, die stolze, nahe war dem Fall;
Den bringt der Africaner Hannibal,
Der, wie der Tiger, schrecklich lauernd, droht.

Da sagen der Sibylle Blätter an:
Die Göttermutter holt aus Pessinunt,
Führt sie nach Rom, so bleibet Rom gesund.
Und wie geheißen, also wird gethan.

Allein das Schiff, drin man die Göttin führt,
Bleibt stehen mitten in dem Tiberstrom:
Da bringet keine Kraft das Schiff nach Rom,
Das in dem flüss'gen Wasser sich nicht rührt.

Es stemmen sich die Männer, recht ergrimmt,
Die Taue reißen und das Eisen bricht,
Es zwingen Hebel, Ross' und Rinder nicht
Das Schifflein, das auf leichten Wellen schwimmt.

Da sagen der Sibylle Blätter an:
Was keine rohe Kraft vermag zu ziehn,
Ist einer Jungfrau keuschem Sinn verliehn.
Und wie geheißen, also wird gethan.

Zu den Vestalen sendet der Senat:
Die eurer als die reinste wird erkannt,
Sie komme zu befrein das Vaterland,
Denn dieser nur gelingt die Wunderthat.

Da spricht die Priesterin gestreng' und frei:
Es prüfe jede sich in tiefster Brust,
Ob sie sich irgend eines Fehls bewußt,
Ob jeder Regung Flamme lauter sei.

Noch zaudern alle, keine will es sein,
Doch sprachen einige mit Bitterkeit:
Nun Claudia, wärst du vielleicht bereit?
Die Prob' ist da, nun zeige dich als rein!

Wie Claudia, die am Boden lag, es hört,
Da weint sie Freudenthränen inniglich:
Begnadet hat die hehre Göttin mich,
Die Göttin hat mein heißes Flehn erhört.

Sie ziehn hinaus; die Schwestern stehn am Land,
Nur Claudia tritt ins Wasser bis ans Knie,
Den Gürtel von dem Busen löset sie:
Da läßt das Schiff sich ziehn am schwachen Band.

Das schaun die Römer, die am Ufer stehn,
Man preist der Jungfrau Reinheit allumher:
Sie priesen ihre Schönheit wohl noch mehr,
Wenn sie entschleiert Claudia gesehn.

Es rauscht Triumphgeschrei von Schaar zu Schaar,
In allen Straßen ruft des Volkes Strom:
Die Götter sind mit uns! sie retten Rom! —
Doch Claudia betet still an dem Altar.

13.

Jung Ingolf und schön Guniswind.

Jung Ingolf war kein adlich Blut,
Doch edel von Gestalt,
Auch hatt' er einen edeln Mut,
Und Künste mannigfalt;
Er hatt' ein hohes Singen,
Ein herrlich Saitenklingen!

Die Fräulein all' und auch die Fraun
Begehrten ihn zum Tanz;
Doch mag er nur nach Einer schaun,
Die füllt das Herz ihm ganz.
Das ist Herrn Ottars Kind,
Die schöne Guniswind.

Sie liebten sich so heimlich hold;
Wie Ottar das gewahrt,
Läßt er den Sänger aus dem Sold,
Nach seiner stolzen Art:
Und daß du liebst den Sänger,
Ich dulde das nicht länger.

Jung Ingolf zog nun in den Wald
Mit seinem Saitenspiel,
Da sammeln sich die Vöglein bald;
Er klagt der Schmerzen viel:
Die Vöglein lernen's alle,
Und singen's laut mit Schalle.

Es singt's die Amsel in dem Feld,
Die Nachtigall im Wald,
Die Lerche, daß der Himmel gellt,
Fink, daß der Garten schallt,
Und fliegen in die Städtchen,
Da lernen es die Mädchen.

Vom Mädchen lernts der Bursch geschwind,
Nun wird es allbekannt:
Jung Ingolf und schön Guniswind
Erschallts in Stadt und Land,
Das hört man hier und dorten,
Das hört man allerorten.

Und wie Herr Ottar das vernimmt,
Da schwillt sein Stolz und Zorn,
Jung Ingolf ist's dem er ergrimmt,
Der ihm im Aug' ein Dorn:
Jung Ingolf zu befördern,
Bespricht er sich mit Mördern.

Die suchen ihn den Wald entlang,
Bis sie sein Lied gehört.
Sie sprachen: 's ist dein letzter Sang:
Er sang ihn ungestört.
Das letzte seiner Lieder,
Wie scholls im Walde wieder!

Da horcht dem rührend süßen Schall,
Worin das Herz ihm bricht,
Fink, Amsel, Lerch' und Nachtigall;
Die Mörder rührt es nicht:
Sie stießen grausam nieder
Den Sänger süßer Lieder.

Auf hohem Schloß schön Guniswind
Bei ihrem Vater stand,
Entgegen kam der Abendwind,
Sie sahn hinaus ins Land:
Da kamen Vöglein, sangen,
Daß laut die Büsche klangen.

Sie sangen Lieb' und Schmerz und Tod,
Ihr ward das Herz so weh:
Sie singen, Vater, mir von Tod,
Wenn ich sie recht versteh.
Der hat sich abgewandt,
Weil er sie wohl verstand.

Sie sprach: Verwittwet ist mein Herz,
  Ich will ins Kloster gehn,
Da will ich weinen meinen Schmerz,
  Für euch zum Himmel flehn.
Sie ging; er sah ihr nach;
Da ward das Herz ihm wach.

Doch ihn verfolgten überall
  Die Vögel mit Gesang,
Fink, Amsel, Lerch' und Nachtigall,
  Er ward davon so krank:
Er mußte davon sterben,
Und hatte keinen Erben.

14.

Die drei Tellen.

Mächtig ragt ein Felsgestade
Bis hinauf in ew'gen Schnee,
Doch den Fuß mit frischem Bade
Netzt der Vierwaldstädtersee.
Ueber Wurzeln alter Buchen
Klettert hier ein Ziegenhirt,
Um ein Zicklein aufzusuchen,
Das sich von der Schaar verirrt.

Und es klimmt der rüst'ge Schreiter
An dem steilen Felsen fort,
Einer Spalte folgt er weiter,
Bis an einen Höhlenort
Sieh, da sitzen drei Gesellen,
Tief im Schlaf, mit langem Bart,
Er erkennt sie als die Tellen
An der hohen Heldenart.

In dem grünkrystallnen Raume
Lauscht des Schäfers banges Ohr,
Da erhebt sich aus dem Traume
Ernst der rechte Tell empor.
„Guter Landsmann, gieb uns Kunde,
Was ist's draußen an der Zeit?“
Jener spricht mit bleichem Munde:
Es ist hohe Mittagszeit.“

Wieder brach der Tell das Schweigen:
„Nun so ist es Zeit noch nicht,
Daß wir drei Befreier steigen
Mächtig an das Tageslicht.“
Drauf sein Haupt schlaftrunken wieder
Lehnt er langsam an den Stein,
Und es schliefen seine Glieder,
Neben den Gesellen ein.

Wie der Hirt heraus gefunden,
Weiß er nicht zu sagen mehr,
Aber drauf in spätern Stunden
Reut ihn seine Antwort sehr.

Zwist ist rings im Vaterlande,
Und der Freiheitsbaum verdorrt,
Und zerrissen alle Bande —
Und der Tell, er schlummert fort.

Suchen will er in den Gründen
Wieder nach der Höhle Thor,
Um das Rechte zu verkünden
An der alten Helden Ohr.
Doch umsonst ist alles Suchen,
Und umsonst ist alles Gehn.
Zwar dort grünen noch die Buchen,
Doch kein Felsthor ist zu sehn.

15.

Thorolf und Egil.

Zwei nordische Wikinge, Thorolf von starker Kraft,
Und Egil, der gewaltige, waren in schlimmer Haft.
Es hielten Kurlands Bauern, weil sie ihr Land bedroht,
Sie nun in düstern Mauern und wollten ihren Tod.

Da sprengten sie die Riegel mit starken Armen auf;
Das war am späten Abend; sie hatten freien Lauf,
Jedoch nicht Schiff noch Leute um in die See zu gehn,
Und hatten keine Beute sich reichlich zu versehn.

So brachen sie daneben zum andern Kerker ein,
Da saßen Dänen gefangen, was konnt ihnen lieber sein?
Doch sah man Licht im Kruge, die Bauern zechten dort:
Die Helden in lustgem Zuge trieben die Heerden fort.

Und stiegen in die Schiffe, die stets am Ufer stehn,
Es wehten frische Winde die vollen Segel zu blähn;
Da jubelt' ohne Maßen der Dänen muntre Zahl,
Allein nachdenklich saßen die Helden auf einmal.

Thorolf begann zu sprechen: Ziemt es Vikingen auch,
Daß wir bei Nacht und Nebel entwischen nach Diebesbrauch.
Held Egil voller Feuer hört es, doch blieb er stumm,
Und wie er saß am Steuer, lenkt er das Schifflein um.

Sie steuerten nach dem Lande, die Helden stiegen aus,
Sie trieben zurück die Heerden und wanderten nach dem Haus.
Da war noch Lichtgefunkel, noch zechten die Bauern da,
Doch draußen war es dunkel, daß man kaum einander sah.

Held Egil sprach: wo nehmen wir aber Waffen her;
Held Thorolf sprach: Komm mit mir, ich weiß schon gute Wehr.
Sie tappten nach dem Kerker zurück ins dumpfe Haus,
Dort brach er aus dem Erker zwei Eisenstangen heraus.

Held Thorolf sprach: wer giebt uns nun aber Feuer her?
Held Egil sprach: Ja freilich; allein ich weiß schon wer.
Er rief: Herr Kerkermeister, geschwinde macht uns Licht,
Denn wir sind keine Geister, und sehen im Finstern nicht!

Der lief zu einer Stange, die eingegraben stand,
Und dient' als Feuerzeichen: die steckt er schnell in Brand.
Da huben die Feuerstange die starken Helden aus,
Und zogen mit Gesange hin zu der Bauern Haus.

Und machten nun ein Feuer um's Bauernhaus von Holz,
Und wie es lodert' und flammte riefen die Helden stolz:
Heraus, heraus ihr Bauern und stellet euch zur Wehr,
Wir sind aus unsern Mauern und wollen über Meer.

Die kamen nicht, benommen von Bier und Qualm und Dampf,
Da gingen die beiden Helden ins Haus hinein zum Kampf;
Sie riefen mit Heldenstimme die Bauern aus Saus und Braus.
Sie riefen mit Heldengrimme die trunknen Bauern heraus.

Erst trugen sie aus dem Feuer den Schenken mit Weib und Kind:
Nun, Bauern, wollt ihr zaudern, jetzt gehts an euch geschwind!
Sie stiegen in die Flammen, die Eisen glühten roth,
Sie schlugen damit zusammen zischend die Bauern todt.

16.

Finboge.

Finboge war ein Knabe, der galt für dumm zu Haus,
Er schlief vom Morgen bis Abend und schlief doch niemals aus:
Zwischen dem Aschenhaufen und dem Feuerheerd,
Lag er gestreckt am Boden und schnarchte, wie ein Pferd.

Es stolperten, die da gingen, über seine Füße fort,
Und wenn sie ihn auch traten, er rührte sich nicht vom Ort;
Doch aß er desto besser, so wie er nur erwacht:
Drum hat es auch Finboge zu großer Kraft gebracht.

Nun sollt' er Kämpfe werden: man gab ihm ein altes Schwert,
Und ward mit rostigem Helme und schwerem Schild bewehrt.
Auch ward er erst gebadet, bevor er ging von Haus:
Was schaut' er da klar und munter aus seinen Augen heraus!

Sein erstes Abenteuer das war ein großer Bär,
Der lag und wälzte faul sich über dem Wege quer.
Finboge sprach: Steh auf Bär, versuche dich mit mir,
Denn das ist besser als liegen im Wagengleise hier.

Der Bär hob sich ein wenig, und sah Finbogen an,
Und legte sich wieder nieder. Finboge sprach: Wolan,
Bin ich dir zu stark bewaffnet, so leg' ich ab den Helm,
Und setze den Schild hier nieder: nun komm, steh auf, du Schelm!

Da setzte der Bär sich aufrecht, doch schüttelt' er den Kopf,
Und legte sich wieder nieder. Finboge sprach: Du Tropf,
Willst du, wir sollen gleich sein, leg' ich auch ab mein Schwert;
Doch nun steh' auf, mich dünket dein Fell des Kämpfens werth.

Der Bär stand auf; sie standen zum Kampf Mann gegen Mann,
Es streubten sich die Borsten des Bären grimmig an.
Finboge faßt' ihn schleunig, und drückt' ihn also stark,
Daß er in den Rückenwirbeln ihm brach das Rückenmark.

17.

Die Brautfahrer.

Zwei Ritter ritten im tiefen Wald,
Sie waren beide so schön von Gestalt:
Der Eine in silbernem Kleide,
Der andre in purpurner Seide —
Mit Silber und Gold!
Wem sind sie wohl hold?

Zwei Schwestern standen zu selber Stund'
Da drüben im Schloß vor des Spiegels Rund:
Die eine in silbernem Kleide,
Die andre in rosiger Seide —
Mit Silber und Gold!
Wem sind sie wohl hold?

Es ritten die Reiter zur Hochzeit hin;
Doch ist den beiden nicht gleich zu Sinn:
Der Eine mit fröhlichem Blute,
Der Andre mit finsterem Muthe.

Denn heute wollte sein liebstes Roß
Mit Gewalt nicht heraus aus seinem Schloß,
Und wollte vom Stalle nicht weichen,
Bis daß es erlag den Streichen.

So spricht zu ihm der frohe Genoß:
Vergiß dein dummes nickisches Roß,
Komm laß uns ein Spiel beginnen,
Das nimmt dir dein trauriges Sinnen.

Da huben sie an ein lustig Spiel,
Mit Speeren schossen sie nach dem Ziel:
Da traf der Eine wohl immer,
Da traf der Andre wohl nimmer.

Und wie er ergrimmt nun schwang den Speer,
Da schlug er, o Gott, von ungefähr
Das Haupt des frohen Genossen:
Blut kam in Strömen geschossen.

Und purpurner wurde des Kleides Roth,
Das Antlitz aber entfärbte der Tod:
„Geht, sagt: ich hab' ihn erschlagen —
Ich kann es der Braut nicht sagen."

Fort ritt er im Kleid von Silberdamast,
Ritt einsam bei Dämmrung in einen Morast:
Dort ist er untergesunken,
Und wissen es nur die Unken.

Es flimmert im Schlosse von Kerzen der Saal,
Zwei Töchter vermählet der Graf auf einmal:
Ihr beiden lieblichen Bräute,
Habt lange zu warten heute!

Und die Gäste fragten einander frei,
Wer wohl von den beiden die schönste sei:
Ihr armen, ihr armen beide,
Wer ist am tiefsten im Leide?

Und endlich wurd' in der späten Nacht
Des Einen Bräutigams Leiche gebracht,
Die andre hat keiner gefunden,
Und spurlos war er verschwunden —
Mit Silber und Gold!
Wem sind sie wohl hold?

18.

Der Ring.

Ich habe geharrt: ich liebt' ihn sehr!
Ich habe geweint: ich weine nicht mehr.
Er hat mich vergessen, und ich verzeihs,
Er freit eine andere, nun so sei's!

Doch trag' ich den Ring noch an meiner Hand,
Den er gab als ewiger Treue Pfand:
Und stell' ich ihn nicht seiner Braut zurück,
So hat seine Heirat nimmer Glück.

Sie machet sich auf, sie geht in die Stadt.
Sie ruhet nicht aus, sie ißt sich nicht satt;
Sie spricht: Jetzt ist er des Königs Held,
Doch ehmals war er ein Springinsfeld.

Sie kommt an das Schloß, wo die hohe Brau:
Dem Helden morgen wird angetraut;
Da suchet sie Dienst, und findet ihn bald,
Man nimmt sie um ihre edle Gestalt.

Und wie er zur Trauung ging mit der Braut,
Da hat sie den Helden von ferne geschaut,
Und wie die Gäste beim Mahle sind,
Muß sie das Brautbett schmücken geschwind.

Sie führet die Braut und wünschet ihr Glück,
Sie hilft ihr entkleiden Stück für Stück:
Und hätte da einer die beiden geschaut,
Wohl war sie schöner noch als die Braut.

Sie deckte mit seidenem Kissen sie zu,
Und wünscht' ihr von Herzen gute Ruh,
Und steckte leise das theure Pfand,
Der schlummernden Braut an die weiße Hand.

Dann schlich sie behend aus der Kammer heraus,
Und schlich bei Nacht aus dem hohen Haus,
Und morgens war sie am andern Ort,
Und weit über alle Berge schon fort.

Mit leichtem Herzen ging sie geschwind
Entgegen dem kühlen Morgenwind:
Er aber schlummerte süß und warm
In seidenen Betten, in Liebchens Arm.

Und als die Braut des Morgens erwacht,
Da hat sie des neuen Ringes Acht,
Und wie sie's verwundert dem Gatten zeigt,
Da wird er betroffen und ernst und schweigt

Und wie sie nach ihrer Zofe fragt,
Da wird, daß sie fort sei, ihr gesagt.
Und wie sie dem Gatten alles erzählt,
Da hat er gerührt ihr nichts verhehlt.

19.

Die Bettlerin.

Es bettelt ein Weib mit verstümmelter Hand,
Sie büßt ihr sündliches Leben.
Ehbrecherisch ist sie bekannt im Land:
Willst du Almosen ihr geben?

Es hatt' ein Ritter ein junges Weib,
Die er in Treuen liebte,
Wohl mehr als seinen eigenen Leib,
Doch mit Eifersucht betrübte.

So stellet er aus drei Wächter auf Wacht,
Auf seiner Burgen Zinne,
Sein Lieb zu bewachen bei Tag und Nacht
Vor junger Ritter Minne.

Und wie die Wächter nicht Meldung thun
Da glaubt er sie gewonnen
Und hat alsbald drei andere nun
Zu Wächtern sich ersonnen.

Und wie das sämmtliche Burggesind
In Argwohn war gefallen,
Da zweifelt er erst an dem guten Kind
Und an den Knechten allen.

Sie aber betet zu aller Stund:
Maria, Quell des Wahren,
Du kannst vor falscher Verläumdung Mund
Rechte Treu wol offenbaren.

Und tritt so vor den bethörten Mann
In hoher Würd' und Hehre:
Ich seh's, Herr Ritter, nicht länger an:
Gebt daß ich der Schuld mich leere.

Doch forder' ich nun, vor dem ganzen Land
Die Probe zu bestehen,
Denn allen bin ich in Schande bekannt:
Und Gott wird mich erhöhen.

Und es freuet das Ingesinde sich
Und freun sich alle Leute;
Und sammeln die Ritter auch männiglich
Sich aus der Weit' und Breite.

Und nach Brauch geschiehet alles genau,
Jetzt harrt man der Entscheidung:
Da steht die hohe begeisterte Frau
In här'ner Büßerkleidung.

Und das Eisen, das glühende, wird gebracht,
Das Urtel zu vollenden;
Sie sieht es getrost und ihr Auge lacht,
Und faßt's mit zarten Händen.

Doch die Zeit der Wunder war schon vorbei —
 Da sind umher die Frauen,
Die Ritter und die Klerisei
 Verwundert, was sie schauen.

Doch sprachen sie: Gott, der ist gerecht
 Der diese Sach' entschieden,
Und es geschah der Sünderin Recht:
 Fortan sei sie gemieden.

* * *

Es bettelt ein Weib mit verstümmelter Hand,
 Sie büßt ihr sündliches Leben;
Ehbrecherisch ist sie bekannt im Land:
 Willst du Almosen ihr geben?

20.

Kunigunde.

Freund, daß ihr so im Munde
Führt Fräulein Kunigunde,
Hör' ich nicht länger an!
Ist euer Schwert so spitzig,
Wie eure Zunge witzig:
Wolan, hier auf dem grünen Plan;

Es ward ein Kreis geschlossen,
Sie fochten unverdrossen,
Schwertstreiche fielen gut;
Doch keiner konnte siegen,
Da sah man sie erliegen,
Zwei bleiche Leichen, roth von Blut.

Hoch in der Abendhelle
Ging züchtig zur Kapelle
  Das Fräulein durch den Saal;
Sie sprach: wie grimm und bitter
Muß sein der Zwist der Ritter,
  Die unten streiten in dem Thal.

21.

Mithridats Tod.

Wie du zitterst, bleicher Knecht,
Misch dein Gift und habe Muth,
Mach mir deinen Trank zurecht;
Reich ihn her, der Trank ist gut!

Siehe, Thränen wein' ich dir,
Sohn! doch fluch' ich dir zugleich,
Der du mich gekerkert hier,
Weil dich's lüstet nach dem Reich!

Diese volle Schale Gift
Trinkt dir, Sohn, der Vater zu!
Wen der Fluch des Vaters trifft,
Hat im Leben keine Ruh!

Steige, Fluch, zu ihm empor,
Dumpf aus dieses Kerkers Graus,
Stündlich schlag' ihm an sein Ohr:
Ihm zum Fluche leer' ichs aus!

Doch mit Gegengiften, ach,
Hab' ich meinen Leib gestählt,
Freund, dein Gift ist mir zu schwach:
Schickt den Mörder, der nicht fehlt.

Hier ist König Mithridat!
Bebst auch du, gebungner Sklav?
Mörder, komm, sei rasch zur That,
Zage nicht und stoße brav!

„Nimmermehr kann ich es thun,
Mich durchbohrt sein Adlersblick,
Wenn er wird im Schlafe ruhn,
Komm' ich wieder still zurück.“

Gut, ich will auch freundlich sehn,
Hier steh' ich und halte Stand:
So, nun mag der Stoß geschehn,
Stoß, ich führe dir die Hand!

22.

König Perses.

Rom hat den Sieg davongetragen,
Aemilius Paulus hat gesiegt,
Doch Macedonien ist geschlagen
Und König Perses unterliegt.

Den König bringen sie gefangen
Und des Gefang'nen Loos ist schwer.
Er läßt den Blick am Boden hangen:
Er war einst König, jetzt nicht mehr!

Da quillt dem Sieger selbst die Zähre,
In seiner Brust ist tiefer Schmerz,
Er nimmt den König auf mit Ehre,
Er schließt ihn näher an sein Herz.

Verloren hat er Reich und Krone,
Jedoch gewonnen einen Freund:
O muß ein König erst vom Throne
Um zu gewinnen einen Freund!

Sie theilten alles, und sie lagen
Auf Einem Polster bei dem Mahl,
Sie fuhren beid' in Einem Wagen:
Nur Einmal nicht, ein einzig Mal!

Der Consul zieht mit weißen Rossen,
Im Lorbeerkranz, siegprangend, ein:
Der König folgt zu Fuß, geschlossen,
In schweren Ketten, hinterdrein.

23.

Ritter Konrad.

Es tritt statt aller ein Einziger vor,
Ein Held von gewaltiger Breite;
Posaunen schmettern an Rüdigers Thor,
Man fordert den Gegner zum Streite.

Wohl waget sich keiner zum Thor hinaus,
Es ginge wohl an sein Leben;
Wer aber wagt und besteht den Strauß,
Viel Gold will Rüdiger geben.

Da reizet manchen das rothe Gold
Den Zweikampf kühn zu beginnen,
Da zählet der Kühnste den blanken Sold,
Den hofft er im Kampf zu gewinnen.

Der Gegner hatte nicht andre Wehr,
Als eine eiserne Keule:
Er schlug auf den Ritter gerade her
Durch Helm und Kopf eine Beule.

Wie der erschlagen zu Boden sank,
Läßt keiner sich locken vom Golde,
Da bietet Rüdiger nun zum Dank
Dem Sieger die Tochter, die holde.

Wohl reizet manchen die schöne Gestalt
Den Zweikampf kühn zu beginnen.
Da faßte den Kühnsten Liebesgewalt:
Sie hofft er im Kampf zu gewinnen.

Der Gegner hatte nicht andere Wehr,
Als eine eiserne Keule,
Er schlug auf den Ritter gerade her
Durch Helm und Kopf eine Beule.

Und klirrend zerbarst des Helmes Stahl,
Und zerbarst der Harnisch prasselnd,
Und fiel der mächtige Ritter zu Thal,
Langhin auf die Erde, rasselnd!

Tief unter der Erde hörte dies
Ein Ritter, im Thurme gefangen,
Ritter Konrad hört's in dem tiefsten Verließ,
Da ergriff ihn zum Kampf ein Verlangen.

Er schlug die Ketten wohl an die Wand:
Fluch dir, der mich hindert zu kämpfen!
Fluch Rüdiger dir, der mich fesselt' und band,
Um meine Mannheit zu dämpfen!

Einstürze dein Haus, das über mir steht,
Fluch, Fluch über deinen Namen!
Das sei mein Morgen- und Abendgebet:
Fluch dir und den Deinigen, Amen!

Gott, gieb mir Kräfte wie Simson besaß,
Daß ich breche dies Haus zusammen!
Gott, daß ich mich räch', erhöre das:
Wirf Blitz, oder gieb mir Flammen!

Doch im Burghof läßt, wie der Zweite sank,
Kein Dritter sich locken vom Golde,
Und Rüdiger bietet umsonst zum Dank
Dem Sieger die Tochter, die holde.

Da sprach er, nachdem er sich lange besann:
Ich halte ja Einen gefangen,
Das ist ein übergewaltiger Mann,
Deß hab' ich jetzt ein Verlangen.

Da sandt' er hinab in das Burgverließ,
Sie öffneten die drei Gitter,
Und riefen zu Ritter Konrad dies:
Ihr sollt euch wappnen, Herr Ritter!

Denn draußen stehet ein schrecklicher Mann,
Den kann kein Ritter bezwingen,
Geht ihr ihn aber im Zweikampf an,
Wohl wird der Sieg euch gelingen.

Graf Rüdiger giebt euch viel rothes Gold,
Wollt ihr zu kämpfen euch wagen;
Graf Rüdiger giebt euch die Tochter hold,
Könnt ihr den Gegner erschlagen.

Er sprach: Mich locket nicht Rüdigers Gold,
Mich lockt's aus dem Kerker zur Sonne,
Mich locket nicht Rüdigers Tochter hold,
Mich locket des Kämpfens Wonne!

Sie lösten die Ketten von seiner Hand,
Und führten empor ihn zum Lichte,
Sie brachten das stärkste Schwert, das man fand,
Und den Schild vom schwersten Gewichte.

Im ersten Kampfe zerbarst sein Schild,
Und war in Splitter gesprungen!
Im zweiten Kampf aber rannt' er wild
Sein Schwert in des Gegners Lungen.

Laut schrie das Volk, es ertönte das Thal:
Wer ists? der Held aus dem Kerker!
Er aber schreitet zu Rüdigers Saal,
Da saß der Greis in dem Erker.

Vor den Grafen stellte sich Konrad hin,
Auf sein blutiges Schwert gestützet,
Er maß ihn wohl mit ergrolltem Sinn,
Sein drohendes Auge blitzet.

Da trat die holde Tochter herein,
In wonniger Schönheit Prangen:
Und Rüdiger sprach: Sie gehöret dein!
Und Konrad glühten die Wangen.

Graf Rüdiger sprach: Vergessen sei,
Was du hier Leides erfahren:
Komm, theile die Burg, und stehe mir bei
In meinen alternden Jahren.

Herr Konrad sah nur die Jungfrau an,
Ihr Zauber nahm ihn gefangen,
Und wich sein Zorn, und faßte den Mann
Ein seliges süßes Verlangen.

Dann seufzt' er und sprach: Ich vergesse mein Leid,
Und es werde dir nichts gerochen;
Doch ich flucht' einen Fluch vor kurzer Zeit,
Den mach' ich nicht ungesprochen!

Leb wohl, leb wohl, du liebliches Kind,
Unsre Wege müssen sich theilen;
Und Rüdiger, mache dich auf geschwind,
Denn hier ist unser kein Weilen.

Ich ziehe gen Nord, du ziehe gen Süd,
Das Schloß gehöret den Flammen.
Er befiehlt; sie gehorchen. Der Himmel glüht —
Fern stürzen die Mauern zusammen.

24.

Landgraf Ludwig.

Der Löw' ist los! der Löw' ist frei!
Den Käfig brach er grimm entzwei.
Er springt daher, die Straß' entlang,
Graun und Entsetzen ist sein Gang.

Die Männer fliehn, die Frauen schrein,
Man drängt sich in die Kirch' hinein:
Da schreitet aus dem Kirchenthor
Der heil'ge Ludewig hervor.

Der Löwe blickte wüthiglich;
Der Landgraf sprach: Hier lege dich!
Bei meinem Zorn gebiet' ich's dir!
Gehorsam legte sich das Thier.

25.

B o l e s l a v.

Es schwur der Polen König zorngesinnt:
Vertilgen will ich sie mit Weib und Kind,
In ihrem Sumpf ersticken soll ihr Stamm,
Von ihrem Dasein schweigen soll der Schlamm!

Der König ruft; die Fürsten haben's Acht,
Es sammelt sich der Polen Heeresmacht,
Um Preußens Heidenvolk mit Einem Schlag
Ganz auszurotten von der Erde Tag.

Das war am Ossafluß: da treten zwei
Betagte Männer vor den König frei:
Du großer Polenkönig Boleslav,
Es freut uns, schlägst du heut die Preußen brav.

Undank erfuhren wir in ihrem Schooß:
Wir sind mit dir, die Rache werde groß!
Du findest durch die Sümpfe nicht den Weg,
Wir aber kennen jeden Pfad und Steg.

Doch König, merk's, wir wagen Ehr' und Glück —
Wir dürften nie ins Preußenland zurück —
Er sprach: Ich weiß, das Alter geizt nach Gold;
Ihr meint, ich soll euch zahlen theuern Sold.

Sie sprachen: Herr, der Preuße haßt Verrath,
Verfluchen würd' er uns um solche That.
Er sprach: Seid ruhig, meinem Schwert entrinnt
Kein Preuß' und Preußenweib und Preußenkind.

Wolan, es sei! und was begehrt ihr Gold's?
Seid ihr's zufrieden: funfzig Stücke Gold's.
Sie sprachen: Jedem! Aber Er: Zum Pfand
Steht euer Leben, wißt, in meiner Hand.

Sie schlugen ein. Sie führten all sein Heer
Durch Sumpf und düstre Waldung kreuz und quer,
Den Wald zur Rechten, aber links das Moor,
Draus stieg ein giftig dumpfer Qualm hervor.

Da sprach der Polen König zorngesinnt:
Schafft mir hieher das Preußenvolk geschwind,
Denn dieses schiene mir so recht der Ort,
Daß ich dem Volk der Preußen hielte Wort.

Herr, wir sind Preußen! Pfui des schnöden Solds!
Sieh, hier sind deine hundert Stücke Golds!
Die säten sie hohnlachend in den Sumpf,
Und wie sie fielen, scholl's im Moore dumpf.

Sie sprachen: Unser Leben steht zum Pfand,
Nimms, wenn du willst, es ist in deiner Hand:
Denn wisse, wir bekämpften dich mit List,
Da greiser Arm zu schwach zum kämpfen ist.

Du und dein Heer, ihr seid in Todes Schooß:
Heraus! hervor! die Rache werde groß!
Der König schweigt und starrt, sein Knie erbebt,
Allein der Wald beweget sich und lebt.

Als ob die Blätter würden Zungen all,
So tönt hervor vieltausendstimm'ger Schall,
Als ob die Zweige würden Schwert und Speer,
So tritt auf einmal aus dem Wald ein Heer.

Da frommt kein Schild und widersteht kein Damm,
Die Polen alle müssen in den Schlamm,
Es sinken Roß und Mann und Fürst und Heer,
Und ragt kein Zeichen, weder Helm noch Speer.

26.

Die Taube.

Ihr Habicht' und Stößer, o schonet mir
Die fliegende, eilende Taube hier,
Sie eilet so grade dem Thurme zu,
Ihr Habicht' und Stößer, laßt sie in Ruh.

Im Thurme da sitzet ein Mägdelein
Die weinet Thränen ins Tuch hinein:
„Zergangen ist alles mir, Ehr' und Glück,
Mein Geliebter ist untreu und kommt nicht zurück!"

„Und kann er nicht kommen, o schrieb' er mir nur
Und gäbe vom Leben mir eine Spur,
Ich gab ihm dazu einen Boten mit,
Einen Boten, der nimmt durch die Lüfte den Schritt."

Ihr Habicht' und Stößer, o schonet sie mir!
Sie aber stoßen auf's arme Thier:
Die Federn stäuben wie Flocken Schnee
Und ein Brieflein fällt in den grauen See.

Was steht in dem weißen Brieflein drin?
Wer hat es geschrieben? wo sollt es hin?
Ach der es geschrieben, der ist schon todt
Er schrieb es in seiner letzten Noth.

Ihr Räuber, ihr Räuber, o schonet mir
Den eilenden, eilenden Wandrer hier,
Der Wittwe Sohn, den Geliebten der Braut,
Die auf sein treues Versprechen baut.

Ihr Räuber, ihr Räuber, o schonet ihn mir!
Sie aber vertreten den Weg ihm hier:
Gieb alles heraus was irgend dein,
Und du selber mußt nun des Todes sein.

Drum schließ mit dem Himmel die Rechnung ab,
Wir unterdessen hier graben dein Grab.
Da schrieb er der Braut noch ein liebes Wort,
Und die Taube sie trugs durch die Lüfte fort.

Doch das Mägdlein klaget in ihrer Noth,
Seine Untreu' an, und wünscht sich den Tod.
Und bald, ach, trieb auf der grauen Flut
Sein weißes Brieflein, ihr weißer Hut.

27.

Königin Aude.

Als der König mit den Schiffen zog hinaus
zur Meeresschlacht,
Sprach die Königin mit Weinen, doch sie sprach
es mit Bedacht:
Wenn im Kampf gedrängter Schiffe dir erlischt
des Auges Licht,
Ueberleb' ich dich, mein König, nur ein Jahr
und länger nicht.
Und mit vielen schnellen Segeln zog der König
auf das Meer:
Ach es gab für ihn zur Heimat keine frohe
Wiederkehr.
Wilder als die wilden Wellen, tost die Schlacht,
die Schlacht entbrennt,
Daß die Schiffe sich zerschellen auf empörtem
Element.

Schon geschnitten war des Sieges Ernte mit der Schwerter Kraft,
Und nur war sie noch zu raffen, wie der Binder Aehren rafft;
Auf ein feindlich Schiff zu springen nahm der König einen Sprung,
Doch es war, wie seine Seele, ach nicht mehr sein Körper jung.
Ihn verschlang die gier'ge Tiefe, rettungslos zog ihn hinab
Seiner Rüstung goldne Schwere in das offne Wogengrab.
Dumpf durchläuft davon die Kunde sein erschrocknes treues Heer:
Unsern König hat verschlungen tückisch das ergrollte Meer!
Und die laute Siegesfreude wird in Trauerkeit vertauscht,
Und zurück mit schwarzen Segeln seine stolze Flotte rauscht:
Ach, sie bringt den Sieg nach Hause, aber nur den Sieger nicht.

Von dem Thurm schaut Königin Aude, Thränen
in dem Angesicht,
Und versteht von fern die Kunde; Trauerkleider
legt sie an,
Ach was hat da Königin Aude Nachts geweint
um ihren Mann,
Sie mit ihren dreien Söhnen und der Töchter
gleicher Zahl.
Alle Freude war verschwunden aus dem hellen
Königssaal,
Aber ernste Männer lasen Runen ab bei Tag
und Nacht,
Und der Armen ward mit Spenden reich im
Königshaus gedacht.
Aber als sechs Monde waren seit dem Todes-
tag entflohn,
Thut die Fürstin ab die Trauer, ganz erheitert
scheint sie schon:
Rüsten läßt sie eine Flotte, nicht zum Kampf und
nicht zur Schlacht,
Segel, weiße nicht noch schwarze, Purpursegel
voller Pracht

Läßt sie auf die Raaen ziehen, alles pranget reich
von Gold,
Aber noch viel schöner schmückt sie ihre Söhn'
und Töchter hold.
Und in festlich heiterm Zuge zieht sie bei Dro-
metenklang,
Pauken tönen, Cymbeln, Harfen, und es tönet
heller Sang —
Wohin zieht sie? Keiner weiß es, jeder fragt,
und keiner sagt.
Und vor allen schönen Schiffen auserwählt ein
schönstes ragt:
Hier am hochgebauten Steuer sitzt die hehre
Königin,
Unter ihren schönen Töchtern und den Söhnen
mittendrin:
Rechts die Söhne, links die Töchter, alle fürst-
lich angethan,
Erst die ält'sten, dann die mittlern, doch die
jüngsten untenan.
Sie in einer reichen Krone, doch die Kinder
frisch bekränzt.

Friedlich ligt das Meer gebreitet, und die goldne Sonne glänzt,
Winde blähn die Purpursegel, und die königliche Frau
Lenkt ihr Schiff, voran den Schiffen, heiter in das heitre Blau.
Und sie lenk es zu den Küsten und den Inseln rings umher,
Die sich selig grün erheben aus dem himmelgleichen Meer.
Und sie bringt mit ihrer Flotte Gruß und Frieden überall,
Drum empfangen von den Fürsten wird sie rings mit Jubelschall.
So erwählt sie ihren Söhnen erst zu königlichen Fraun
Drei der schönsten Königstöchter, wie der Frühling anzuschaun;
Drauf erwählt sie jeder Tochter den geliebten Bräutigam,
Drei der reichsten Königssöhne von berühmtem Heldenstamm.

Und es mehrt sich ihre Flotte, wie sich mehrt
und wächst ihr Glück,
Und mit sechsmal so viel Segeln, als sie auszog,
kehrt sie rück;
Denn die stolzen Inselfürsten, die der Bräute
Väter sind,
Und der Bräutigame Väter rüsten Segel aus
geschwind,
Um die Fürstin zu geleiten nach dem theuern
Heimatland,
Wo das Volk mit Staunen wartet ihrer Heimkunft
an dem Strand.
Sie alsbald nun läßt bereiten großes Fest im
Königssaal,
Denn sie will zugleich vermälen ihrer Kinder
reiche Zahl.
Drei der längsten Sommertage dauerte die Fest-
lichkeit,
Und das seltne Fest zu schauen strömte Volk von
weit und breit.
An des Festes erstem Tage nahm sie ihren ält-
sten Sohn,

Uebergab ihm Kron' und Scepter und erhub
ihn auf den Thron.
Sie befahl ihm stolz zu herrschen, tapfer, glor=
reich, stark und mild,
Mit Vernichtung auf dem Schwerte, mit dem
Frieden auf dem Schild.
Aber an dem zweiten Tage war ein dreifach
Fest bestellt,
Und im Volk die Aeltsten sahen nie ein schöners
in der Welt:
Hochzeit war's und ihrer Söhne jedem ward die
holde Braut
Unter Segen, unter Weihen und Gebeten ange=
traut.
Wieder an dem dritten Tage war ein dreifach
Fest bestellt,
Und im Volk die Aeltsten wußten nie ein schöners
in der Welt:
Hochzeit war's, und ihrer Töchter jeder ward,
den sie erwählt,
Unter Weihen und Gebeten nun zum Ehgemahl
vermählt.

Da erjauchzte laut die Menge draußen auf dem Wiesengras,
Denn es ward umher gespendet aller Gaben Uebermaß,
Und besonders das Gesinde ward mit Gold beschenkt so schwer,
Als ob für die Fürstin selber dies der Tage letzter wär.
Tanz war in dem Saal und draußen, und die Königin empfahl
So die ganze Nacht zu jubeln allen Gästen in dem Saal.
Doch sie selbst mit schnellen Schritten ging in ihr Brautkämmerlein,
Wo sie einst auf breitem Polster schlief bei ihrem König ein.
Die Vermälten auch nicht minder zogen sich geheim zurück,
Es erloschen ihre Fackeln vor dem traulich süßen Glück.
Doch die Gäste tanzten, spielten, Jubel blüht' in jeder Brust,

Und es hat der Tag am Himmel noch gesehen ihre Lust.
Aber an dem andern Morgen blieb die edle Fürstin aus,
Man vermißt ihr hohes Walten in dem ganzen Königshaus,
Endlich geht man in die Kammer — wo sie auf dem Bette saß,
Still und aufrecht, aber schlafend, ernst und hehr, doch schön und blaß.
Sprechen will sie nicht noch hören; als man ihre Hand bewegt,
Da erkennt man daß sie kalt ist und kein Leben mehr sich regt,
Keine Wunde war zu sehen, keine Krankheit warf sie hin,
Ohne Schmerz, durch Kraft der Seele starb die starke Königin.
Denn es war, wie sie gelobet, schon der Wittwe Jahrestag,
Den um keinen Tag sie länger überleben kann und mag.

Neben ihr da lag zu lesen, wie sie will begraben sein:
Wo mein Mann hinab gesunken, senkt auch mich ins Meer hinein!
Rüstet aus ein schönes Schifflein, schmücket das ganz königlich,
Wie ein Ehbett macht ein Polster, auf das Polster leget mich.
Und daneben auf dem Tische sei bereit ein reiches Mahl,
Und es fehle nicht der schwere weingefüllte Goldpokal.
Also führt das Schiff zur Stelle wo mein König sank am Riff,
Lasset ein die blaue Welle, langsam senke sich das Schiff,
Denn an diesem Tag erwartet werd' ich in der untern Welt,
Wo mein König unter Helden siegesfrohe Tafel hält.

28.

Der Feldherr.

O laß, Geliebter, dich erflehen,
Geh nicht zur pesterkrankten Stadt,
Ich hab' ein Traumbild Nachts gesehen,
Das mich zum Tod erschrecket hat.

Mein Lieb, der Feldherr darf nicht wanken,
Er theilt des Heers Gefahr und Noth,
Mich schützt mein Stern vor dem Erkranken,
Gebieten will ich diesem Tod.

So ritt er durch Kairo's Gassen,
Ein Trost zu sein dem siechen Heer;
Wo er die Seinen sieht erblassen
Geht er von Bett zu Bett umher.

Er reicht die Hand den Kriegskam'raden,
Die schon die Seuche graß entstellt,
Und geht dafür, mit Heil beladen,
Wie im Triumph daher, der Held!

Und unversehret kehrt er wieder,
Und tritt vor die Geliebte hin:
Nun sieh, ob kranken meine Glieder,
Nun sieh, ob ich verpestet bin?

Um seinen Hals fällt mit Verlangen
Die schöne blühende Gestalt;
Doch bald erscheint auf ihren Wangen
Der starre Tod, verstört und kalt.

Er aber sammelt die Soldaten,
Die Segel wehn im Winde schon,
Er steigt, nach wunderbaren Thaten,
Mit dreistem Fuß auf Frankreichs Thron.

29.

Das Wachtpiquet.

Ein Wachtpiquet gelagert saß
Am Hügel auf dem Heidegras,
Fünf Mann um einen Feuerbrand,
Ein Tambour und ein Leutenant.

Der Leut'nant sprach: „Nun höret an,
Wie sie gefallen Mann für Mann,
Und wie der Tambour mein Kam'rad
Sich brav mit mir gehalten hat."

„Schon war das ganze Dorf in Brand
Wir hielten in der Kirche Stand,
Hier dieser brave Tambour und —
Doch versagt ihm Wort und Mund.

Durch Nebel tönt ein dumpfer Schall:
Der sausende Kanonenball
Gerissen hat er sammt dem Wort
Den Leut'nant und den Tambour fort.

30.

Die Kameraden.

Da gehen sie und wollen mich nicht kennen,
Sie folgten doch mir oft ins Pulver nach.
Auch ich weiß ihren Namen nicht zu nennen,
Ich werde alt und mein Gedächtniß schwach.

Was hab' ich sie gepflegt, geschützt, geborgen,
Denn ihre Jugend war dem Kampf zu zart.
Die Zeit vergeht. — He, ihr da guten Morgen!
So hört doch! ist das Kameradenart?

Mir ist, ich müßt' euch, guter Alter, kennen —
„Nun ja; doch sehr gealtert scheint ihr mir.“
Wenn ihr uns wolltet euren Namen nennen —
„Nun, euer alter Unteroffizier!“

Nicht möglich, der muß längst im Grabe liegen,
Seh' ich euch aber an, so seid ihr's doch.
Ihr wart ein Greis doch schon in jenen Kriegen,
Bei Gott, das ist die alte Schmarre noch!

Ich müßte freilich längst im Grabe liegen,
Nach allem muß ich wohl recht alt schon sein:
Das Angedenken von so großen Siegen
Das hält nur noch zusammen mein Gebein.

O darf ich euch herein ein wenig bitten:
Erzählt mir, mein Gedächtniß wird so schwach:
Wie hieß doch nur der Ort wo wir gestritten,
Die Namen all vergess' ich nach und nach.

Nur eins noch weiß ich, als geschah es gestern:
Ich that, was ich gelobt in Herzensnoth:
Was ein Franzos verübt an meinen Schwestern,
Drum schlug ich zehn gleich mit der Kolbe todt.

Die Namen aber kann ich nicht behalten,
Wo wir gefochten und gesiegt mit Gott —
Denn ich steinalter Mann muß Schule halten,
Den ungezognen Buben nur zum Spott.

Sie traten ein, und aus der Wandertasche
Hervor nun zogen sie den guten Wein.
Sie sprachen, und es ging umher die Flasche,
Sie sprachen und sie schenkten wieder ein.

Des Greises Augen füllten sich mit Feuer,
In seine Adern kam die alte Kraft,
Sie schwuren Treu bis in den Tod sich theuer,
Durch's ganze Leben Kameradenschaft.

Des andern Tags ging's fort. Da saß im Stuhle
Der Alte todt, mit klarem Angesicht;
Die Knaben spielten draußen vor der Schule,
Die beiden wanderten und sprachen nicht.

31.

Pránestin.

Was unterbricht des Marsches Zeile?
Ruft mir den Prätor Pránestin!
Doch ihr Lictoren löst die Beile,
Ich hab' ein Werk hier zu vollziehn.

Da sinkt der Prätor ihm zu Füßen:
Ja ich bekenn's, doch schone mein,
Ich sann Verrath, verdien's zu büßen,
Doch Consul, edel ist Verzeihn.

„Sie sollten nur die Wurzel hauen,
Weil sie Lustwandlern lästig fällt:
Du habe Dank für dein Vertrauen,
Doch werde dir Gericht bestellt.

32.

S e r l o n.

Was hilft uns Enna's Fels und Thurm?
Serlon war heut an unserm Thor:
Er droht nicht Enna's Mauern Sturm,
Zum Zweikampf ruft er uns hervor.
So ruft er auch mich, weil er stärker ist:
Doch ich bin stärker an kluger List!

Herr, gieb mir morgen siebzig Mann,
So treib' ich mit ihm einen Scherz,
Bei Allah, er gedenkt daran:
Mir bürgt dafür sein stolzes Herz.
Ich send' ihm ein Brieflein, und drin ein Wort,
Das rafft ihn, wie Gift, aus dem Leben fort.

Brachino sprichts, Tamitto hörts;
Sie flüstern ein geheimes Wort:
Die List ist gut; der Fürst gewährt's;
Geschäftig eilt der Hauptmann fort.
Da regt sich in Enna der Krieger Zahl,
Sich kleiden die Saracenen in Stahl.

Doch lustig ist's im Christenheer,
Die Krieger würfeln in dem Zelt,
Der Seewind weht so lieblich her,
Da spielet Schach Serlon der Held.
Er spielet und schauet nach Enna hinauf:
Sieh da, ein Bot' in hastigem Lauf.

Ein Brief! Von wem? Wem dienest du?
Der Knab' ist stumm, er spricht kein Wort,
Was man ihn fragt, er nickt dazu,
Und bald ist der Behende fort.
Da spricht Serlon: Ich les' es danach —
Gieb Acht, hier biet' ich dem König Schach.

Erst spät fällt ihm das Brieflein ein;
Er liest's und leget sich zur Ruh.
Doch Nachts, beim frühsten Dämmerschein,
Ruft er den Zeltgenossen zu:
Auf, auf, Genossen, erwacht: es tagt,
Heut müssen wir zeitiger auf die Jagd!

Denn hört, was hier geschrieben ist:
„Serlon, Serlon, du bist zu kühn,
Dir lauert auf mit Hinterlist
Der schlaue Saracen Brachin:
Im Thal, wo ihr dreie zu jagen pflegt,
Hat er sieben in Hinterhalt gelegt.“

„Serlon, es warnet dich ein Freund:
Dein Haupt zu bringen auf dem Spieß,
Rühmt prahlend sich Brachin, dein Feind:
Das zu verhüten schreib' ich dies.“ —
Drum schnell, Genossen, wir zeigen's der Welt,
Daß uns dreie vor sieben nicht Furcht befällt!

Es springt die Meute froh voran,
Im Thalgrund schallt der Rosse Huf,
Die Hunde schlagen lustig an,
Und lustig tönt des Hifthorns Ruf.
Sie jagen das Wild, das in Büschen sich regt,
Da wird der stolzeste Hirsch erlegt.

Serlon, du stolzer Hirsch, Serlon,
Sei auf der Hut und nicht zu kühn,
Denn sie umstellen rings dich schon,
Es machet Jagd auf dich Brachin;
Da blühen die rothen Blüten so dicht,
Drin glänzen die Schwerter und Lanzen so licht.

Er sieh'ts und ruft in stolzem Ton:
Heraus, ihr Laurer, auf einmal,
Brachin, heraus! Ich sah dich schon:
Wir sind der unsern drei an Zahl,
Ihr sieben heraus! wir fürchten uns nicht! —
Da sausen ihm Pfeil' um das Angesicht.

Drauf dringen siebzig Lanzen ein
 Von allen Seiten aus dem Grün,
Doch Held Serlon schaut muthig drein,
 Und zieht sein Schwert gelassen kühn,
Und haut mit dem Schwerte, das war nicht stumpf,
Dem ersten sogleich das Haupt von dem Rumpf.

Die Saracenen morden wild
 Mit Lanzen lang, mit Säbeln breit:
Ihn schirmt nicht Panzer, schirmt nicht Schild,
 Er trägt ja nur ein Jägerkleid.
Doch ruft er: Genossen, ich brech' euch Bahn,
Und rennt die Heiden gewaltig an.

Und streckt sie nieder; doch zu dicht
 Starrt ihm entgegen Lanz' und Schwert.
Er will zurück: das kann er nicht,
 Und sie durchbohren ihm das Pferd.
Da ruft er: Genossen, folgt mir hinauf!
Mein Haupt, das lass' ich um keinen Kauf!

Er springt vom Roß und haut sich Bahn,
Und klettert auf von Stein zu Stein
Die steile Felsenwand hinan,
Und Pfeile rauschen hinterdrein.
Er klomm, ob das Felsstück unter ihm brach,
Da klimmt kein andrer ihm wieder nach.

Schon reicht kein Pfeil so hoch hinauf:
Was hilfts ihm! hier versiegt die Kraft.
Sein Blut fließt dampfend; doch zum Lauf
Wie er die letzten Kräfte rafft,
Da schwingt er sich glücklich zum Gipfel empor,
Der ragt hoch über den Bergen hervor.

Wo sind die Freund'? Er sieht sie nicht;
Doch weithin schaut er über Land,
Und wie er fern im Sonnenlicht
Der Seinen weiße Zelt' erkannt:
Da riß er vom Gurte das Hifthorn los,
Und wollte thun einen mächtigen Stoß.

Sein Horn rief sonst die Insel wach,
Scholl weit ins Land und blaue Meer:
Jetzt scholl es heiser nur und schwach,
Und nichts vernahm davon sein Heer:
Jetzt sank er matt auf den öden Stein,
Und starrte sein Aug' in den Himmel hinein.

Da kam ein Aar. „Du willst mein Blut!
Komm, guter Freund, bald wehr' ich's nicht,
Nur nicht mein Haupt der Meuchlerbrut —
Da trübte sich sein Augenlicht.
Der Aar flog schreiend ins Himmelszelt:
So fliege der Ruhm Serlons durch die Welt!

33.

Die Hexe.

Man kennt die garstige Hexe schon,
Behexet hat sie des Kämmrers Sohn.

Doch sie reinigte sich durch gräßlichen Schwur
Und hat überstanden die grause Tortur:

Und wie sie entkommen des Henkers Gewalt,
Zum Kirchhof eilt sie hinaus alsbald.

Sie zählet umher die Leichenstein':
Ihr meine Seligen schlummert fein.

Sie pflückt einen Mohn und sieht sich um:
Das Gift wirkt still und das Grab ist stumm.

Sie pflückt eine hohe Kaiserkron':
Ich brachte den jungen König zum Thron.

Sie pflückt eine Lilie und lachet laut:
Du weiße selige Königsbraut!

Sie bricht ein Röschen und wirft es fort:
Des Kämmrers Töchterchen modert dort.

Sie bricht ein Knöspchen und wirft's in den Wind:
Des Kämmerers Söhnchen macht's auch geschwind.

Und diese vier Morde bekenn' ich frei,
Und fehlen mir nur zu den sieben noch drei.

Da kommt aus der Luft eine Hand ohne Leib,
Die packt und erdrosselt das Hexenweib.

34.

Trauerkunde.

Ich seh' euch schon im Trauerflor,
Und bring' auch, doch sei Gott davor,
Vielleicht nicht gute Kunde.
Nehmt diesen Brief, doch lest ihn nicht,
Gebt, daß ein andrer ihn erbricht,
Und nicht in dieser Stunde.

„Schwarz muß der Brief gesiegelt sein,
Er kommt von weit, aus Köln am Rhein,
Von heute vor acht Tagen:
Und siehe mich hier und mein Kind,
Daß wir bereits berichtet sind,
Und Trauerkleider tragen.“

„Denn in der bangen Sterbenacht
Hat meiner noch mein Mann gedacht,
  Und ist bei mir gewesen,
Er sprach nicht mehr, er winkte doch,
Und gab uns seinen Segen noch —
  Gieb, laß den Brief mich lesen.“

35.

Marcus Curtius.

Die Erde bebt, des Himmels Bau erkracht
Es stürzen Mauern, alles flieht und schreit,
Roms Straßen füllen sich bei dunkler Nacht:
Fort, fort zum Forum! dort ist Sicherheit!

Doch auf dem Forum erst gewahrt man bald,
Hier eben ist das Schrecklichste geschehn,
Denn mitten durch das Forum klafft ein Spalt
Bis zum Avernus, grausig anzusehn.

Da kommt Befehl von Consuln und Senat:
Ihr Bürger Roms, auf! greift es an mit Kraft,
Und Roms gesammtes Volk sei frisch zur That:
Wo alle helfen, da wird viel geschafft.

Nun rührt sich Schaufel, Spaten, Karrn und Schub,
Und müht sich Mann und Weib und Kind und Greis:
Doch schloß der Riß sich nicht, wieviel man grub,
Wieviel man karrt' und trug mit Müh' und Schweiß.

Da kommen an die Seher an dem Ort,
Sie haben alle Zeichen wohl befragt,
Und künden: Lasset Schub und Schaufel fort,
Es gilt ein Opfer! dies sei euch gesagt.

Der untern Gottheit muß geweihet sein,
Was unser Theuerstes und Bestes ist:
Nur wenn wir dieses fromm und kühn ihr weihn,
Gibt sie der Blüte Roms noch längre Frist.

Was unser Bestes ist? Ist's, was ernährt
Das Leben? wär's das Leben selbst? nein, nein!
Weh uns, wenn unser Leben wird begehrt:
Man eile, Silber, Gold und Frucht zu weihn!

Man eint sich nicht, ein lauter Zwist beginnt,
Und nicht mehr kann ihn schlichten der Senat.
Doch schon Altäre läßt er baun geschwind,
Und sendet nach der Aecker goldner Saat.

Da hört man hinterwärts die Römer schrein:
Platz da dem Curtius, wenns euch gefällt!
Der zieht vom Felde siegreich eben ein,
Den laßt entscheiden, denn er ist ein Held!

Sie machen Platz, er reitet nah heran,
Und ihn umdränget dicht des Volkes Chor,
Mit Staunen sieht er sich das Wunder an,
Es schweigen all' und Einer trägt es vor.

Er sann und wollte reden, aber schwieg;
Erwartend schwieg auch rings des Volkes Chor.
Auf einmal war's, ob ein Gedanke stieg
Erleuchtend auf des Helden Stirn empor.

Er schaut hinüber nach dem Capitol,
Und richtet auf dem Rosse stolz sich auf:
Heil dir, geliebtes Rom! und lebe wohl!
Dann sprengt' er vor im allerschnellsten Lauf.

Was ist? — er warf zu Roß sich kühn hinein! —
Und Stille rings. Dann scholls von Schaar zu Schaar.
Man warf ihm Kränze, Blumen hinterdrein,
Bis daß die Spalte ganz geschlossen war.

Und hoch gepriesen ward des Helden Rath:
Das Leben ist des Menschen höchstes Gut,
Doch theurer ist des Helden kühne That,
Und Rom wird ewig stehn durch solchen Mut!

36.

Die Betrogenen.

Von diesen Sachen, Mädchen, sprich,
Was dir zumeist gefällt,
Denn so gefällt's auch sicherlich
Der, die's von mir erhält.

Sie hört es mit beglücktem Sinn,
Doch was sie wählt ist klein;
Er zählt die blanken Thaler hin,
Der Jude streicht sie ein.

Ja wohl, ja wohl, betrogen sind
Mit Einem Kauf die drei:
Ach Gott, ach Gott, das arme Kind
Meint, daß es für sie sei.

Der Herr betrogen um sein Geld
Er kauft unecht für echt:
Betrogen die's von ihm erhält,
Ihr ists zu klein und schlecht.

Betrogen aber bitterlich,
Die ihn geliebet hat —
Er nimmt den Schmuck und eilet sich,
Und dankt ihr für den Rath.

Er hat sie doch einmal geküßt,
Daß sie geliebt sich meint;
Sie gehet wo es finster ist,
Und sitzet da und weint.

37.

Posthumius.

Rom, das von Königen befreite,
Giebt dem Postumius die Macht,
Tarquinius aber droht im Streite,
Und ihm zu Gunsten schwankt die Schlacht.

Da rafft der Führer auf dem Flügel
Die letzte Kraft noch einmal auf,
Läßt lösen aller Rosse Zügel,
Stürzt auf den Feind in vollem Lauf.

Und sieh, voran dahergeschossen,
Voran der kampfentbrannten Schaar
Sieht man auf schneeig weißen Rossen
Ein niederschmetternd Jünglingspaar.

Postumius will den Führer lohnen,
  Der weist den Kranz von seinem Haar:
Willst du belohnen, gieb zwei Kronen
  Zwein Jünglingen aus unsrer Schaar.

Man sucht sie überall im Heere,
  Doch nirgend waren sie zu schaun;
Da ließ Postumius Altäre
  Dem Castor und dem Pollux baun.

38.

Schön Christel.

Der Mond so trübe durch Wolken scheint:
Schön Christel sitzt auf dem Bett und weint.

Zur Hochzeit ist geschmücket das Haus,
Doch zur Hochzeit bleibet der Bräutigam aus.

Da pocht es noch spät um Mitternacht
An Christels Kammer, es pocht so sacht.

Und dreimal pocht es: wer kann das sein?
Die sittsame Christel läßt sie ihn ein?

Wohl sprang mit Entzücken empor die Braut,
Doch sprach sie: wir sind ja noch nicht getraut.

Er sprach: o öffne nur, liebes Kind,
Denn ich bin kalt, wie die Todten sind.

Sie öffnete Schloß und Riegel sogleich;
Seine Stimm' ist heiser, sein Antlitz bleich.

Er sprach: Ich schwur es, und komme zu dir —
Du aber Liebchen, willst du mit mir?

Und wie zum ersten der Hahn gekräht,
Da sprach er: Liebchen, es wird mir spät.

Sie nahm in Eile die Hochzeitschuh:
Er sprach: nun Liebchen muß ich zur Ruh.

Sie nahm in Eile das Hochzeitskleid:
Er sprach: nun ist es die höchste Zeit.

Husch ging es dahin durch den schwarzen Wald,
Der Mond schien trübe, die Luft war kalt.

Husch über die Wiesen in luftigem Lauf,
Zum Kirchhof ferne — die Thür sprang auf.

Da stand im Gewölb' ein offener Sarg —
In den Sarg hinein, der sie beide barg.

39.

Kormak und Gerda.

Held Kormak reitet sein junges Pferd
Und schwinget vergnügt sein neues Schwert;
Es summen um blühende Linden die Immen,
Und tönen aus Büschen die Vogelstimmen:
Doch Kormak reitet auf kühlen Höhn,
Denn er hörte da wohn' eine Jungfrau schön.

Schön Gerda! Gerda! sagt er sich vor,
Und siehe, da tritt sie aus ihrem Thor,
Goldwürfel spielt sie auf ihrer Schwelle:
Er hält sein Roß, betroffen, zur Stelle.
Sie blicket nieder, wie sie ihn schaut;
Er spricht: Das wird und ist meine Braut!

Und dieses hört' eine alte Frau,
Die sprach: Ich sag' es dir ganz genau:
Schön Gerda ist nimmermehr dir beschieden.
Du reite nur fort, und reit' in Frieden.
Er sprach: Du Hexe, schere dich fort,
Und behalte für dich dein weises Wort.

Drauf ward er besinnlich, und rief sie zurück:
Gute Frau, nun sage mir ferner mein Glück.
O sprich, ist Gerda verlobt schon? — Nein!
O sprich, liebt Gerda mich? — Kann wohl sein!
Nun, sprach er, so soll keine Macht in der Welt
Mir die Jungfrau nehmen, die mir gefällt!

Und dieses vernahm schön Gerda im Haus,
Sie schaute so freundlich zum Fenster heraus,
Der Mann gefiel ihr so kühn und kräftig,
Im Mieder pochte die Brust ihr heftig.
Sie sprach: Ich habe Liebe zu dir,
Und am zwölften Tage sei wieder hier!

Und wie sie damit ins Zimmer verschwand,
Gar lange der Held vor dem Fenster noch stand.
Drauf gab er dem lustigen Rosse die Sporen,
Und bald war das Schloß aus den Augen verloren.
Er ritt nach dem Meer; ins Meergebraus
Sang er aus schlagender Brust heraus.

Vikinge ruderten hier ans Land,
Wo eine Quelle sprudelt' im Sand,
Und wie sie das Wasser zu schöpfen kamen,
Da fragten sie Kormak nach seinem Namen,
Und meinten, die Muße sei nicht gut
Für einen Helden aus edelem Blut.

Sprach Kormak: Da sagt ihr ein wahres Wort,
So nehmt mich auf eurem Schiff mit fort.
Gleich sprang er vom Roß und sagte: Nun suche
Dir grüne Gräser und Laub von der Buche,
Und trinken kannst du aus diesem Quell.
Er klopft' ihm den Schenkel und wandte sich schnell.

Die Helden stiegen nun in das Schiff,
Und segelten kühn um das Felsenriff.
Vor ihnen flohen die Schifferleute,
Dem Meere kämpften sie ab seine Beute:
Ihre Heimat ist der wogende Belt,
Der Wolkenhimmel darüber ihr Zelt!

Die Wellen rollen, es fährt der Wind,
Das Schiff übersegelt die Wellen geschwind:
Die Wolken fliegen, die Meven ziehen,
Die Stunden eilen, die Tage fliehen:
Wer zählt sie? Kein Held in Kampfes Mühn!
So kämpften die Meereskönige kühn.

Und wieder ruderten sie ans Land,
Wo jene Quelle sprudelt' im Sand,
Da suchte Kormak sein Roß an der Quelle,
Doch fand er es nicht an derselben Stelle.
So ging er's suchen im Buchenwald,
Und rief sein Roß, daß der Wald erschallt.

Er sucht' es und rief waldaus, waldein,
Da setzt er sich nieder auf einen Stein,
Und sang seine Lieder mit fröhlichem Sinne:
Da wurde sein Herz schön Gerda's inne.
O Gerda, Gerda, du süßes Kraut,:
Dich muß ich ja finden, du bist meine Braut!

Da fiel dem Helden nun schmerzlich ein,
Längst müsse die Frist verstrichen sein.
Da lief er geschwinder als wär er zu Rosse
Auf hohem Felsen zu Gerda's Schlosse.
Da schlugen im Hofe die Jungfraun Ball,
Doch Gerda sucht er umsonst überall.

Hier stand im Thore die alte Frau:
Nun, Kormak, sagt' ich dir's nicht genau?
Schön Gerda ist nimmermehr dir beschieden,
Jetzt ist sie vermält und wohnet danieden,
Da horcht sie den Liedern, die singt ihr Gemahl:
Du singe die deinen dem Berg' und dem Thal!

Du schere dich, Hexe, zum Teufel fort,
Und behalte für dich dein höhnisch Wort! —
Sie wäre vermält? Das kann ich nicht glauben!
Wer wagte mir meine Braut zu rauben?
Doch sprich, ob Gerda mir zürnt und mich haßt,
Weil ich den Tag, den sie nannte, verpaßt.

Sie liebte dich freilich, doch haßt sie dich jetzt,
Denn du hast sie verschmäht und hast sie verletzt.
Dem Verse wollte der Vater sie geben,
Da weinte sie sehr und bat für ihr Leben.
Da ließ sich der Vater erbitten und sprach:
Zehn Tage noch bleib' im Mädchengemach.

Und wie zehn Tage nun waren vorbei,
Da zeigt' er den Skalden Gunnar ihr frei,
Und sprach: Erzürne mich, Tochter nicht wieder;
Sie nahm ihn um seine schönen Lieder.
Du aber geh mit der Harf' hinaus,
Und singe die deinen ins Meergebraus!

Er saß im Thore, die Faust vor der Stirn,
Und grollend brütete sein Gehirn;
Er seufzete, daß das Thor erhallte.
Doch gegenüber ihm saß die Alte;
Die sprach: Sie will und mag dich nicht sehn,
Und wenn du kämest, so solltest du gehn!

Er ging. Doch siehe von ungefähr
Tritt auf dem Fußsteig Gerda daher.
Sie sprach: Was trittst du mir immer entgegen!
Und was verfolgst du mich allerwegen!
Ich hass', ich hasse dich in der Brust,
Verbittre mir nicht meinen Tag, meine Lust!

Er sprach: Verzeih's, ich meide dich gern,
Unsre Wege seien sich künftig fern!
Verflucht die Stunde, da wir uns begegnet,
Und ich zu einem Wort mich verwegnet.
Und lebest du übel oder gut,
Das kümmert mich wenig in meinem Mut!

Er ging. Erleichtert war ihm das Herz;
Er zog sein Schwert und nimmer zum Scherz,
Er suchte sich Kampf und suchte sich Fechten,
Und niemals focht er auf Seite der Schlechten;
Doch nach dem Kampfe begann er Gesang
Hinaus in den schäumenden Wogendrang.

Nun herrscht' ein König im nordischen Land,
Trug Purpur, doch Graurock war er genannt,
Der hörte von Kormak der Leute Melden,
Und rief an den Hof den singenden Helden.
Der sang ihm Lieder in Sturm und Nacht:
Und in allen war immer Gerda's gedacht.

Als der König mit Segeln das Meer beschritt,
Da nahm er den Helden nach Irland mit.
Der war ein Buhle der kühnen Gefahren,
Und war ein Schrecken den feindlichen Schaaren;
Es flog auch sein Ruhm über Meer und Land;
Und wer hätt' einen fröhlichern Helden gekannt!

König Graurock fuhr nun heim über Meer,
Und liebte den singenden Helden sehr.
Er herrschete hehr und herrschete mächtig,
Sein Hofhalt immer war reich und prächtig.
Der lieblichsten Jungfraun scherzeten viel
Mit den schmausenden Helden bei Tafel und Spiel.

Nur Kormak floh die Lust und den Scherz,
Und einsam wurde bei Festen sein Herz.
Er sprach zum König: Ich muß nun scheiden,
Mich zieht von dannen ein banges Leiden,
Vielleicht auch, daß mir in Sturm und Streit
Vergeht mein schmerzliches Herzeleid.

Er steuerte kundig um's Felsenriff,
Die Meven umschwärmten sein fliegendes Schiff,
Nachts sah er die Stern' in himmlischen Weiten,
Und den stillen Mond, durch das Tauwerk gleiten,
Die Wellen schliefen, es ruhte der Wind,
Doch die Sehnsucht trieb sein Schifflein geschwind.

Und Abends kam er ans grüne Land,
Froh sprang er heraus auf den schimmernden Sand;
Die Sonne sank an dem Himmelsbogen,
Ein Sonnenmeer erglänzten die Wogen,
Und glänzte das Grün in sonniger Lust:
Da wurde vor Freuden ihm weh die Brust.

Und siehe: Gerda wandelt' am Strand,
Sie schaute suchend ins Meer und Land.
Sie sprach: O kommst du mir endlich entgegen!
Wo warst du? Ich misse dich allerwegen!
Er sprach: Von Norden komm' ich daher,
Eine Unruh trieb mich zurück über Meer.

Ach, sprach sie, warum bliebst du doch aus,
Und kamst nicht zur rechten Frist an mein Haus?
Was hab' ich gewartet, gesorgt und geweinet!
Und endlich hab' ich dich todt gemeinet.
Held Kormak seufzete tief und sprach:
Wohl hab' ich's gebüßet durch Ungemach.

So sprachen sie viel um die Dämmerzeit.
Der Weg nach Gerdas Haus ist noch weit,
Doch das vergaß sie: da traten die Sterne
Hervor nach einander in himmlischer Ferne.
Sie war ermüdet, sie konnte nicht fort,
Da mußten sie bleiben am Strande dort.

Sie fanden ein Haus am rauschenden Meer,
Das stand verlassen und offen und leer:
Hier macht' er von Gras und Blumen ein Bette,
Und sprach: Ruh hier auf Blumenstätte,
Ich aber bewache draußen das Haus,
Mir schadet wenig die Feuchte des Thaus.

Sie ruhte geborgen im niedern Gemach,
Ihr Herz ging vielen Gedanken nach;
Doch Kormak sang so liebliche Lieder,
Die hallten weit in der Stille wieder:
Da kam auf Wellen der Mond empor,
Doch Gerda brachen Thränen hervor.

Er spielte so leis', er sang so fein,
Und Gerda's Augen schlummerten ein.
Da schwoll ihr der Busen von Seligkeiten,
Sie träumte so süß von vergangenen Zeiten.
Er aber saß, gestützt auf sein Schwert,
Und horcht' in die Nacht, ob ein Schifflein fährt.

Und wie der Sterne Schein sich verlor,
Und Dämmerung kam an dem Himmel empor,
Da ließ er lustig die Saiten erklingen:
Die Wogen kamen, die Winde gingen;
Da trat die Sonne strahlend aufs Meer,
Und Gerda trat aus der Thür daher.

Ihm bebte das Herz vor Freud' in der Brust,
Er schaute sie an mit Lieb' und mit Lust;
Doch Gerda senkte die Augenlieder,
Und fast erbebeten ihre Glieder.
Sie sprach: O laß mich nach Hause gehn!
O hätten wir nimmer uns hier gesehn!

Sie ging über Wiesen und ging am Bach,
Drei Schritte hinter ihr folgt' er nach;
Sie gingen auf traulichen Waldeswegen,
Und waren beide so stumm und verlegen;
Und wie sie traten zum Wald heraus,
Da lag in dem Felsthal Gerda's Haus.

Sie sprach: Nun laß mich alleine gehn:
O hätten wir nimmer uns doch gesehn,
So würdest du mich doch im Herzen nicht hassen
Lebwohl, lebwohl, ich muß dich verlassen!
Er sprach: Ich liebe dich! nimm dafür
Zum Zeichen den goldenen Ring von mir!

Sie sprach: O Kormak, wo denkst du hin,
Das komme mir nimmermehr in den Sinn!
Da sah er sie an vom Kopf zu den Zehen,
Und blieb entrüstet und zornig stehen
Sie stieg mit Weinen die Felsen empor;
Er schaut' ihr nach; sie verschwand im Thor.

Er ging. Erleichtert war ihm das Herz,
Das öffnete wieder sich fröhlichem Scherz.
Doch weinend saß die Frau in der Kammer,
Und allen verbarg sie ihren Jammer.
Am vierten Tage da kam vom Meer
Ihr Gatte Gunnar mit Beute daher.

Und wie er die Gattin so traurig fand,
So nahm er die Harfe herab von der Wand.
Er sang ihr all seine schönsten Lieder,
Sie hörte nur halb und schaute nieder,
In Gedanken sang sie, sie war so krank,
Die sanften Lieder, die Kormak ihr sang.

Das höret Gunnar und staunet dazu,
Die Lieder lassen ihm keine Ruh;
Sie aber sang die Lieder nur immer,
Bei Tag und Nacht, im Feld und im Zimmer.
Er sprach: Wo hast du die Lieder her?
Sie sprach: die sang mir ein Fremder am Meer.

Da rief er: Der Skalde Kormak ist hier!
Denn dies ist sein Lied, das bürgt mir dafür.
Und sieh, bald schollen auch Kormaks Lieder
In aller Mund' auf der Insel wieder.
Er sang sie den Tanzenden tief in die Nacht:
Und in allen war immer Gerda's gedacht.

Dann aber sang er auch Lieder von Leid,
Und den Männern sang er von Sturm und Streit;
Die Fraun und die Jungfraun, Knaben und Greise,
Sie kamen und horchten auf Kormaks Weise
Von Lieb' und Leid und von Sturm und Schlacht:
Und in allen war immer Gerda's gedacht.

Wie Gunnar solches erfährt und vernimmt,
Auf Kormak ward er im Herzen ergrimmt;
Allein schön Gerda athmete freier,
Und ward ihr Kormaks Gedächtniß theuer,
Und wenn an der Straße das Lied erklang,
Dann hörte sie gern aus dem Erker den Sang.

Das wurmte Gunnar, er dachte nach,
Und nahm den Skalden Thord ins Gemach,
Und redete solches verschwiegen und leise:
In Kormaks Namen, in Kormaks Weise
Erdicht' auf Gerda ein spottendes Lied:
Vielleicht daß sie Kormaks Lieder dann flieht.

So dichtet's der Skald' und sang es umher,
Wo die Wandrer es hörten von ungefähr;
Bald sang es ein Fremder mit lautem Schalle
In Gunnars Hof und in Gerda's Halle.
Sie hört' in der Kammer den lustigen Klang,
Und schien ihr die Weise Kormaks Gesang.

Doch in Herzleid wurde die Freude vertauscht,
Wie mit klopfendem Herzen den Worten sie lauscht:
Wer wagt's so meinen Namen zu schänden?
„Der Kormak," heißt es an allen Enden.
Und Gerda sank auf die Polsterbank,
Sie war verstört, ohnmächtig und krank.

Bald hüllte sie sich in Schleier und Tuch,
Bald riß sie ihn fort und sprach einen Fluch.
Ich weiß, ich weiß, daß mich Kormak hasset,
Doch liebst du mich, Gunnar, liebt ihr mich, lasset
Nicht ungerochen so große Schmach,
Und stellt ihm auf allen Wegen nach!

Es gilt deine Ehre, dein Weib und dein Haus,
Zum Holmgang, Gunnar, fordr' ihn heraus,
Damit dein Schwert ihn treff' und ersteche,
Und an seinem Blut meine Ehre räche!
Betroffen hörte das Gunnar an:
Sie sprach: An dem Schändlichen räche mich, Mann!

Wie aber die Stimme des Volks den Lug
An Kormaks, des staunenden, Ohren trug,
Und wie er das Lied nun selber vernommen,
Da ward er von Jähzorn wüthig entglommen,
In Stücke schlug er den Tisch und Pokal,
Und tobete auf und ab in dem Saal.

Er nahm sein Schwert und verließ das Gemach,
Von ferne folgten die Leut' ihm nach.
Nach Gunnars Hof hin eilt' er mit Grimme,
Und rief mit zürnender mächtiger Stimme:
Du Skalde Thord, nun tritt aus dem Haus,
Der Skalde Kormak ruft dich heraus!

Verleumder, ich sag's dir ins Angesicht,
Du sangest das schändliche Spottgedicht!
Und leugnest du das, so will ich's beweisen
Mit diesen Zeugen und diesem Eisen!
Und stumm stand Thord auf dem Hofe da,
Wie er Kormak so fürchterlich zürnen sah.

Kormak, der das Schwert in die Scheide stieß,
Rief gräßlich verfluchend zu Thord nun dies:
Du sollst dem gejagten Wolfe gleichen,
So weit man jaget in allen Reichen,
So weit die Christen zur Kirche gehn,
Und die Heiden opfernd am Altar stehn!

So weit das wärmende Feuer brennt,
So weit man Männer und Mannheit kennt,
Soweit die grüne Erde sich breitet,
Soweit das Schiff auf den Wellen schreitet,
Und die Sonne noch scheint, und der Schnee noch liegt,
Und der Fisch noch schwimmt, und der Vogel noch fliegt!

Und so weit auf Wassern die Winde wehn,
Und so weit in Ländern die Männer sä'n,
Sollst du, Lügner, in keine Heimat kommen,
Die brennende Hölle nur ausgenommen! —
Das hörte Thord und er war verstummt,
Und schlich von dannen, im Mantel vermummt.

Auch Gunnar sah's durch der Pforte Spalt,
Und über die Glieder lief es ihm kalt;
Nur Gerda tanzte freudig und munter
Zur Hall' und zum Hofe die Trepp' hinunter.
Doch wie Thords Bruder es hört und erfährt,
So nimmt er den Schild und gürtet das Schwert.

Er sprang zornmüthig hervor aus dem Haus,
Und zum Holmgang fordert' er Kormak heraus.
Man wählte Richter nach rechter Weise,
Und es ordnete sich das Volk im Kreise.
Da schauten auch Gunnar und Gerda zu,
Sie hatt' im klopfenden Herzen nicht Ruh.

Die Schwerter gaben so blitzenden Schein,
Und lichte Funken stoben darein,
Sie kämpften beide mit wüthigem Mute,
Doch zuerst troff Kormaks Schwert von Blute,
An der Schulter traf den Gegner sein Streich,
Und überwunden war er sogleich.

Die Richter entschieden: zwei Ringe Gold
Dem Sieger zu zahlen als Bußesold.
Wie Kormak das blinkende Gold empfangen,
Erglühte sein Herz vor Freud' uud Verlangen;
Und wie er Gerda, die liebliche, sah,
So sprang er zu und umarmte sie da.

Er umarmte sie fest und aus Herzens Grund,
Und zweimal küßt' er sie auf den Mund,
Und Gerda ließ es wohl gerne geschehen.
Das mußten alle Versammelten sehen,
Es freute sie auch; doch Gunnar rannt'
Auf Kormak zu, mit dem Schwert in der Hand.

Und hättens die Richter nicht schnell gewehrt,
Er hätte Kormak durchbohrt mit dem Schwert.
Sie sprachen: Der Streit läßt friedlich sich schlichten
Kein schwer Vergehen ist hier zu richten:
Er zahle seine zwei Ringe Gold
An Gunnar dafür als Bußesold.

Er gab sie mit leichtem Herzen geschwind,
Und war von dannen so schnell wie der Wind.
Und Gerda, die sich im Busen freute,
Daß Kormak ihr gut ist und siegt' im Streite,
Doch schloß sie vor Scham im Gemach sich ein,
Und wollte des Weinens kein Ende sein.

Mit Thränen bat sie den lieben Gemahl,
Das Haus zu verlassen im Felsenthal:
Es haben die Leute gesehn meine Schande,
Drum laß uns ziehen in andere Lande,
Vielleicht, daß ich unter Fremden dann
Mein schmerzliches Leid noch vergessen kann.

Ein Schifflein rüstete Gunnar aus,
Zu verlassen gedacht' er Hof und Haus;
Verlehnte sein Gut, verthat und verschenkte,
Bestieg mit Gerda das Schiff und lenkte
Hinaus ins Meer, auf die blaue Flut:
Da wurde fröhlicher Gerda's Mut,

Doch des dritten Tages im Dämmerschein
Brach schreckliches Unheil auf sie herein.
Entgangen sind sie glücklich dem Riffe,
Da segeln, so scheints, zwei Vikingerschiffe,
Das eine nah auf ihr Schiff daher:
Die Vikinge schreien und schwingen die Wehr.

Sie nahen, sie entern, die Mehrzahl siegt,
Gunnar mit den Seinigen unterliegt.
Sie sind gefangen, sie werden gebunden,
Mit Stricken fest an den Mast gewunden.
Dann gehen die Räuber unters Verdeck,
Sie suchen nach Gold im tiefsten Versteck.

Doch siehe, das zweite Schifflein naht,
Schnellsegelnd durchschneidet's den schäumigen Pfad;
Und wer es nicht weiß, dem will ich es sagen:
Wen kann es anders als Kormak tragen?
Die guten Geister sind wieder im Spiel,
Sie führen ihn immer zum rechten Ziel.

Er half den Vikingen jetzt nicht mehr,
Mit Zorn verfolgt' er sie auf dem Meer,
Und ihnen im Kampf zu entwinden die Beute,
Das war es, was ihn am meisten freute.
Die Vikinge fürchteten ihn, wie den Tod,
Doch die Schiffer riefen ihn an in der Noth.

Jetzt kam er, als Gerda die Hände rang:
Kühn lenkt' er sein Schiff, und kühner sprang
Er mit weitem Sprung auf das Schiff hinüber:
Was war der armen Gerda wohl lieber!
Doch Furcht war rings auf des Schiffes Verdeck,
Vor Kormaks Stimm' ergriff sie ein Schreck.

Und den ersten, der sich setzte zur Wehr,
Den stieß er über Bord in das Meer,
Die Andern flohen zum Vordertheile,
Von dorther schossen sie Speer' und Pfeile:
Er aber schlug in gelassener Ruh
Zuerst des Verdeckes Luke nur zu.

Und stellte sich selbst mit den Füßen darauf:
So war gefangen der Vikinge Hauf,
Und Angst ergriff sie im finsteren Raume.
Doch riegelte Kormak mit starkem Baume
Und eisernen Stangen die Luke fest,
Mit dem Schwert überwand er der Vikinge Rest.

Dann ging er zu Gerda, die Freude war groß,
Und mit blutigem Schwert schnell schnitt er sie los.
Die Wikinge ließ er im Finstern bleiben,
Und ließ ihr Schiff auf den Wellen treiben,
Doch Gerda nahm er und trug sie fort,
Und lud auch Gunnar zu sich an Bord.

Nun fuhren sie ruhig im Meere dahin,
Da kam auch Gerda wieder zu Sinn.
Sie schaute Kormak und sah seine Wunden
An Arm und Schulter noch unverbunden,
Und nahm den Schleier — o da hätt' Er
Der Wunden gerne gehabt noch mehr!

Die Wunden verband sie und stillte den Schmerz,
Doch schwieg sie und schaute nur niederwärts.
Auch Kormak senkte die Augen nieder,
Ihm pochte das Herz, ihm bebten die Glieder,
Es brachen des Herzens Wunden auf,
Und kaum bezwang er der Thränen Lauf.

Dann saß er am Steuer und lenkt' ans Land,
Hier stiegen die Fremden aus an dem Strand.
Da dachten alle wohl viel in Gedanken,
Doch eh sie Worte fanden zu danken,
War Kormak mit seinem Schiff schon fort;
Sie aber waren in sicherem Port.

Nun sagte Gerda: Gen Süden verschwand
Das Segel Kormaks am Himmelsrand:
Drum laß uns ins Land gen Norden ziehen,
Damit wir Kormak auf immer fliehen.
Wohl gern that Gunnar, was Gerda bat:
Sie zogen, und kamen nach Graurocks Stadt.

Und als sie fuhren hinein zum Thor,
Da kam ihnen alles so fremde vor;
Doch als sie zu König Graurock kamen,
Und als sie ihm sagten ihren Namen,
Da bot er ihnen vertraulich die Hand,
Denn Gerda war ihm wohl längst bekannt.

Sie war es ja, deren Preis erklang
An Graurocks Hof, in Kormaks Gesang.
Des Königes Freude war nicht geringe,
Da war man am Hof wohl guter Dinge.
Die lieben Freunde zu ehren befahl
Der König ein reiches Fest in dem Saal.

Von Purpur und Gold erglänzte der Saal,
Und der Wein, wie Rubin, im goldnen Pokal.
Posaunen schollen und Sänger sangen,
Und Kormaks Lieder zur Harf' erklangen.
Da traten die Mädchen und Fraun auf die Zehn,
Um die vielbesungene Gerda zu sehn.

Was aber geschieht am Ende des Saals,
Die Männer vergessen dort des Pokals,
Dort sieht man ein freudiges Drängen und Grüßen:
Mit Reif in dem Bart, mit Schnee an den Füßen,
Wer ist's? wer wagt sich zum Fest herein?
Das kann kein andrer, als Kormak sein!

Und wie die Männer den Helden erblickt
So wurden Hände geschüttelt, gedrückt.
Da sieht er Gerda mit blühenden Wangen,
Er springt auf sie zu, er nimmt sie umfangen,
Und viermal küßt er sie auf den Mund:
Das waren Küsse von Herzens Grund.

Doch Gunnar wurde wohl roth und bleich,
Er zog sein Schwert und schwang einen Streich:
Den Jungfraun schwanden vor Angst die Sinne,
Und hielten die Harfner und Sänger inne,
Denn statt der angestoßnen Pokal'
Erklangen Schwerter in Graurocks Saal.

Wie König Graurock solches gewahrt,
So nahm er Gunnar mit sanfter Art,
Und sprach: Sei ruhig und sei geduldig,
Du zürnest mit Recht, und Kormak ist schuldig,
Und büßen muß er es ganz gewiß,
Wozu ihn sein freudiger Mut hin riß.

Doch hat er bei dir zwei Küsse zu gut,
Die durft' er sich nehmen mit edelem Mut
Denn er rettete dir und Gerda das Leben;
Für die übrigen muß er Buße geben:
Er zahl' als theueren Bußesold,
Für die beiden Küsse zwei Oere Gold.

Da hub sich von Freuden und Lachen ein Schall,
Und des Königes Weisheit priesen sie all.
So war der tödtliche Streit geschlichtet,
Und Gunnar selber auch schien beschwichtet.
Doch Gerda pocht' im Mieder die Brust,
Sie pocht' ihr zugleich vor Schmerz und vor Lust.

Nun war mit Kormak ein Knabe fein,
Jung Siegmar, der mußte stets bei ihm sein.
Auch Gerda mocht' auf dem Schooß ihn haben,
Und Küsse geben dem lieben Knaben,
Und kam er zu ihr im Sprung und im Lauf,
Dann hört' ihr heimliches Weinen auf.

Hier ging auch Kormak ihr oft vorbei,
Dann grüßten sie freundlich einander und frei,
Erzählten sich wohl Vergangnes und lachten,
Wie sie einander so zornig machten:
Dann lachte der König Graurock mit,
Doch Gunnar ging mit finsterem Schritt.

Der König, Gunnar zu trösten bemüht,
Bat ihn zu singen zur Harf' ein Lied.
Wenn Kormak da war, wollt' er nicht singen,
Doch auch, wenn er fehlte, war kein Gelingen,
Irr fuhr seine Hand durch die Saiten hin,
Zerriß die Saiten mit düsterem Sinn.

Im Saal hing Kormaks Harf' an der Wand,
Die gab der König in Gunnars Hand.
Er sang; das waren zerrissene Lieder,
Es flossen darein die Thränen ihm nieder.
Viel lautrer freilich die Harf' erklang,
In Kormaks Händen, zu Kormaks Gesang.

Kein Lob dem Sänger zum Dank erscholl,
Und alle schwiegen gedankenvoll.
Zu Gerda ging er, um Trost zu haben,
Da fand er sie spielen mit Kormaks Knaben,
Er schwieg und blieb verfinstert und stumm. —
Und wie Wettergewölk ging Kormak um.

Wie nun der König solches erfand,
Lustfahrt befahl er nach Biarmeland.
Da durften Gunnar und Gerda nicht fehlen,
Auch Kormak durfte nicht fort sich stehlen;
Die Schiffe fuhren auf heiterem Meer
Dicht hinter und durch einander her.

Und wie Gerda bei Gunnar traulich saß
Und Kormak es sah, so schmerzt' ihn das.
Daß Gerda mit Gunnar kos't' und ihn herzte,
Das war es, was Kormak am meisten schmerzte,
Und als Gunnar wieder sie küßt' auf den Mund,
So war's ihm ein Stich in des Herzens Grund.

Er hielt sich nicht länger, er führte sogleich
Mit dem Ruder auf Gunnar einen Streich.
Der fiel ohnmächtig vom Sitze nieder,
Blut quoll aus der Nas' und über die Glieder,
Und Gerda that einen gellenden Schrei:
Da war der Lustfahrt Freude vorbei.

Am liebsten wollte sie Kormaks Tod,
Auf dessen Schiff sie zu rudern gebot.
Das gab einen Stoß! Da mußt' auf den Wellen
Wohl Kormaks Schiff in Trümmern zerschellen.
Ihr aber sprang vor Freuden das Herz —
Ach, bald vertauschte sich das in Schmerz.

Die Helden schwammen, wie Fisch' im Meer,
Und retteten sich an den Trümmern umher;
Und dennoch hätte das Meer sie verschlungen,
Wärs nicht des Königes Kraft gelungen:
Er nahm die triefenden freundlich an Bord,
Und schon sprach mancher ein scherzendes Wort.

Doch wie man jetzt die Geretteten zählt,
Mein Gott, Jung Siegmar der Knabe fehlt,
Da ward das Meer durchforscht mit den Schiffen,
Mein Gott, mein Gott, es hat ihn ergriffen!
Und Gerda half durchsuchen das Meer,
Sie war betrübt und sie grollte nicht mehr.

Auch Gunnar hob sich vom Sitze jetzt,
Man wischte das Blut, er war nicht verletzt.
Jung Siegmar aber ward nicht gefunden,
Spurlos in den Abgrund war er verschwunden,
Da tobte Kormak fluchend umher,
Und Gerda jammert' und weinte sehr.

Wie solches der König Graurock sah,
Mit sanfter Stimme begann er da:
Du Kormak und Gerda, ihr Lieben beide,
Ihr thatet euch Schmerzliches viel zu leide,
Doch Kormaks Leid vor allen ist groß,
Und wir alle müssen betrauern sein Loos.

Drum, liebe Gerda, so wend' auch du
Dem leidenden Kormak dich tröstlich zu.
Wo die Unheilsgeister verderben wollen,
Da müssen die Menschen sich nicht mehr grollen:
Welch menschliches Herz ertrüge das,
In Mitleid muß sich wandeln der Haß!

Nun ließ er füllen den Kelch von Gold,
Und reicht' ihn Gerda freundlich und hold,
Und bat sie mit herzgewinnendem Winken,
Versöhnlich dem Trauernden vorzutrinken.
Sie nahm den Kelch und trank von dem Wein,
Ihre hellen Thränen fielen hinein.

Wohl sah es Kormak, der neben ihr stand,
Er nahm den Becher aus ihrer Hand,
Und trank: und Labsal fühlt' er im Herzen,
Und sanfte Rührung wurden die Schmerzen.
Er sprach: Nicht besser erquicken kann
Die letzte Oelung ein'n sterbenden Mann!

Nun reichte der König mit freundlichem Sinn
Den Versöhnungsbecher auch Gunnar hin.
Der wandte sich ab. Da ließ ihn gewähren,
Der König, und mocht' ihn selber leeren.
Dann sprach er zu Kormak: Du nimm von mir
Zum Angedenken den Becher hier.

Und hier mein Schiff von köstlichem Holz,
Mit Purpursegeln fährt es so stolz,
Das nimm auch von mir zum Angedenken:
Mit Ruhm wirst du es im Streite lenken!
Ans Steuer setzte sich Kormak sogleich,
Als kühner Herrscher im Wogenreich.

Er umarmte den König sodann und schied,
Und sang aus der Fern' ein rührendes Lied.
Auch Gerda lauschte dem Klange der Saiten,
Und folgt' im Geiste dem Schiff in die Weiten,
Bis daß an dem fernsten Himmelsrand
Sein Purpursegel in Dämmrung entschwand.

Die Sterne sammelten sich in Pracht,
Und Kormak steuert' hinaus in die Nacht.
Es floh sein Auge der süße Schlummer,
Im Herzen mischte sich Lust und Kummer,
Er dachte vielen Gedanken nach:
Da kam am Himmel die Dämmrung gemach.

Als aber die Sonn' am Himmel erschien,
Da sah er kämpfende Schiffe ziehn:
Er spannte die Segel, mit Windesschnelle
Kampflustig durchfurcht' er die schäumende Welle:
Kauffahrer und Vikinge waren im Streit,
Und den Schwachen zu helfen Kormak bereit.

Die grausam streitenden Viking' ergriff
Ein Staunen über das Purpurschiff;
Und wie sie den Helden Kormak erkannten,
Und seinen Namen einander nannten,
Da hatten die Schwachen Frieden und Ruh,
Die wünschten des Himmels Segen ihm zu.

So fuhr er umher mit Streit und Gesang,
Bald spielt' er auf schwankender Ruderbank
Goldwürfel mit Vikingen, die ihm begegnet,
Was kümmert es sie, ob's stürmet und regnet!
Bald wieder kämpft' er mit ihnen wild,
Und war der Verfolgten Schirm und Schild.

Und eines Tages hört er Geschrei,
An einer Sandbank fuhr er vorbei.
Geschäftig verworren tummeln sich Leute,
Vikinge sind's, und sie theilen Beute,
Er steuert heran, um näher zu sehn,
Da sieht er Gunnar gefesselt stehn.

Er springt in die schäumende Brandung hinein,
Den gebundenen Gunnar zu befrein.
Die Vikinge waren von Schrecken ergriffen,
Sie holten die Schwerter schon von den Schiffen,
Doch Kormak rief: Ich befehl' es euch,
Löst Gunnar, und gebt ihn mir frei sogleich.

*

Doch da rief Gunnar mit grollendem Sinn:
Mir wäre der Tod viel beßrer Gewinn!
Auf, stehet mir bei und helft ihn vertreiben!
Ich haß' ihn! Ich will in den Fesseln bleiben,
Ich will von Kormak befreit nicht sein,
Bekämpft ihr ihn aber, das soll mich freun!

Da steckte Kormak sein Schwert wohl ein,
Er grollte mit sich und fluchte darein.
Die Vikinge standen verwundert im Kreise;
Dann wünschten sie Kormak glückliche Reise;
Er sprang durch die Brandung auf's Schiff zurück,
Und bald entschwand er der Vikinge Blick.

Durch's ruhige Meer fuhr Kormak gemach,
Und dachte vielen Gedanken nach,
Und Ein Gedanke war's, der ihn quälte,
Daß Gerda dort bei den Vikingen fehlte:
Sie lebt vielleicht in noch größerer Noth,
Und ach vielleicht gar ist sie schon todt.

Ja todt, wie der Knabe Siegmar ist:
Ich habe sie nun zum letzten geküßt.
Ich werde sie nicht mehr plötzlich erblicken,
Nicht mehr sie plötzlich umarmen und drücken.
Nun, Kormak, was ist, das ans Leben dich hält:
Die du liebtest, die sind nun fort von der Welt!

So lenkt' er um's Vorgebirge das Schiff,
Als Ueberraschung sein Herz ergriff.
Hier lag ein Schiff vor Anker im Hafen,
Da sah er Gerda, die liebliche, schlafen,
Sie schlief jetzt endlich nach langer Noth:
Sie lebt, sie lebet, sie ist nicht todt!

Sie schlief und träumte: sie wandelt' am Meer,
Und es tönte Gunnars Stimme daher,
Der rief so ängstlich aus weitesten Weiten,
Sie eilt', und sie konnt' auf den Wellen schreiten;
Dann aber kamen die Wogen all
Ihren Schritten entgegen Wall auf Wall.

Sie verlor den Ruf, und sie ward ganz irr;
Da kamen Männer mit Schwertergeklirr:
Sie konnte vor Angst, ach, nicht von der Stelle,
Und unter ihr glitt die schlüpfrige Welle,
Sie faßten sie hinten schon am Gewand —
Da bot ihr Kormak helfend die Hand.

Zusammen gingen sie, sonder Qual,
Zwischen Wellen daher, wie im schattigen Thal,
Da war auch Siegmar, der tanzte so munter —
Auf einmal stürzt' eine Well' herunter,
Die übergoß sie mit flutender Nacht,
Sie sank, sank tief in des Todes Schacht.

So träumte sie; und der Heldenmann
Stand vor ihr und sah sie versunken an.
Bald ruhten so selig die Augenlieder,
Dann zuckten im Schlafe die Brust und die Glieder,
Und flattert' ihr Haar und des Kleides Saum —
Ach, hätt' er geahnet ihren Traum!

Und um die beiden saßen im Kreis
Die bärtigen Vikinge gruppenweis,
Die über das Lösegeld sich vereinten,
Das sie für Gerda zu fordern meinten:
König Graurock, wußten sie, sei ihr hold,
Sie rechneten nun auf sein reiches Gold.

Sie sprachen zu Kormak: Du kennst ja auch
König Graurock und seinen reichen Brauch,
Sprich, würd' er uns nicht für Gerda's Leben
Zum mindesten dreißig Goldstück geben? —
Da sagte Kormak: Ihr fordert viel,
Doch Gerda ist seiner Wünsche Ziel.

Und kennt ihr das Gold das Graurock schlägt?
Kein schöneres wird in der Welt geprägt:
Seht hier! Das sind die drei letzten Oere,
Ich hätte nichts, wenn ich sie verlöre —
Doch Eines schenk' ich gewiß dem Mann,
Der die dreie mir wiederbringen kann!

Und hiemit warf er sie weit auf's Land,
Sie fielen ins grüne Gras und den Sand.
Wohl eilig ins Meer die Wikinge sprangen,
Wetteifernd, zuerst ans Land zu gelangen;
Und wie der Eine ein Goldstück fand,
So schlugens die andern ihm aus der Hand.

Doch Kormak war es, der Gerda ergriff,
Und sie schlafend hinüber trug in sein Schiff.
Das purpurne Segel spannt' er geschwinde,
Das faßten und blähten die frischen Winde;
Das Vorgebirge gewann er in Eil',
Und es schoß sein Schiff durch das Meer, wie ein Pfeil.

Den Betrognen entging es lange Zeit,
Sie bekämpften einander in wildem Streit,
Ein Goldstück hatten sie erst gefunden,
Doch allen rann schon Blut aus den Wunden.
Und wie sie endlich die List erkannt,
Ja, da war Kormak am Himmelsrand!

Es flog sein Schiff in geschwindem Lauf:
Da schlug nun Gerda die Augen auf.
Schlaftrunken schaute sie hin und wieder,
Sah Kormak und rieb sich die Augenlieder.
Sie glaubte sich noch immer im Traum,
Sie sah, und traute den Augen kaum.

Sie sprach: Wo bin ich? wie kam ich hieher?
Wer hat uns gerettet aus tiefstem Meer?
Und wo ist Siegmar? — dann plötzlich wieder
Besann sie sich und sah traurig nieder:
Mein Gott, Jung Siegmar ertrank in der Flut,
Das that ich, Kormak, in rasendem Mut.

Nun aber sind wir in gleicher Noth,
Dein Siegmar, und ach, mein Gunnar ist todt,
Den haben die Wikinge mir erschlagen,
Ich sah ihn blutend von ihnen tragen —
O Kormak, an Schicksal sind wir nun gleich.
Hier schwieg sie und war so thränenreich.

Und Kormak saß am Steuer und schwieg,
Er kämpfte mit sich, doch behielt er den Sieg.
Da sagte Gerda: Du darfst mich nicht hassen,
O Kormak, du darfst mich jetzt nicht verlassen,
Du liebtest mich einst: o verstoße mich nicht,
Es ist ein Geschick, das uns so verflicht.

Und Kormak saß am Steuer und schwieg,
Er kämpfte mit sich, doch behielt er den Sieg.
Schon sah er von fern an des Himmels Grenzen
Die weiße Brandung der Sandbank glänzen,
Dort steuert' er hin sein Purpurschiff:
Daß Staunen die schmausenden Viking' ergriff.

Die ließen das Feuer und liefen herbei,
Und begrüßten Kormak mit rauhem Geschrei.
Wie aber Gunnar Gerda erblickte,
Erbebte sein Herz, die Stimm' erstickte;
Doch Gerda glaubte sie sei im Traum,
Sie sah ihn, und traute den Augen kaum.

Sie stiegen nun aus, sie standen nun hier,
Und Kormak sprach: Ich bringe sie dir!
Ihr wurde die Wange so roth erglommen,
Und ward im Herzen bang' und beklommen,
Sie zauderte Gunnar näher zu gehn;
Der wollte sie küssen, doch blieb er stehn.

Dann wandt' er sich schnell zu Kormak hin,
Und sprach zu ihm mit gerührtem Sinn:
Du bringst sie! Kormak, du willst sie nicht rauben!
Du Herzensjunge, was soll ich glauben!
Ich grollte dir lange mit bitterem Mut,
Doch ich seh', du bist treu und du meinst es gut.

Sprach Kormak wieder: Ich bringe sie dir!
Komm, nimm sie aus meinen Händen hier.
Da flossen Gunnar die hellen Thränen —
Zu Gerda ergriff ihn ein süßes Sehnen,
Doch zaudert' er noch, ihr näher zu gehn,
Er wollte sie küssen doch blieb er stehn.

Nein, Kormak, ich weiß, sie gehört dir mehr,
Sie liebet dich wohl, du liebest sie sehr,
So nimm sie und habe sie immer in Frieden,
Ja nimm sie, sie ist dir ja doch beschieden,
Verzeih nur, daß ich sie dir verwehrt,
Ja, lieber Kormak, du bist es werth.

Da stand verwundert der Heldenmann,
Und das Weib fing wieder zu weinen an:
Sie sprach: Nein, nein, ich willige nimmer,
Jetzt bleib' ich Gunnars ewig und immer!
Und Kormak rief: Ihm ist sie beschert,
Mir haben die Geister sie früh verwehrt!

Dann sprang er sogleich in das Purpurschiff,
Der Goldkelch war es, den er ergriff,
Er lief durch die Brandung freudig zum Lande,
Er füllte den Kelch mit Wein bis zum Rande,
Dann ging er zu Gunnar mit frohem Sinn,
König Graurocks Kelch, den bot er ihm hin.

Und eh er noch sprach und Worte fand,
Nahm Gunnar den Kelch ihm aus der Hand,
Und führte den Kelch sogleich zum Munde,
Und trank, das stärkt' ihm von Herzensgrunde.
Dann trank auch Gerda von diesem Wein,
Ihre hellen Thränen fielen hinein.

Dann nahm ihn Kormak an seinen Mund,
Und leert' ihn freudig bis auf den Grund;
Drauf aber gab es ein Händedrücken,
Ein herzliches Hin- und Wieder-Blicken:
Da schien auch die Sonne so freundlich her,
Blau ward der Himmel und blau das Meer.

Und während so seltsam dieses geschah,
Nicht läßig standen die Wikinge da:
Man sah sie belastet vom Schiffe kommen
Mit allem was sie Gunnar genommen,
Das legten sie schweigsam hin auf den Sand,
Dicht neben wo Gunnar mit Gerda stand.

Da sagte Kormak: Versprecht mir nun,
Ihr Vikinge, meinen Wunsch zu thun.
Ich habe nicht Zeit, denn ich muß streiten,
Ihr aber könnt sie sicher geleiten,
Wohin sie treibet ihr Herz und Mut:
Gelobt mir nun, daß ihr's treulich thut!

Sie gelobten es ohne Widerstreit
Und schwuren ihm einen theuern Eid.
Dann drückten alle sich herzlich die Hände,
Doch Kormak ging mit dem Kelch behende
Und sprang auf sein Schiff, und pfeilgeschwind
Durch die Wogen trieb ihn der frische Wind.

Die Vikinge steuerten südwärts hin,
Nach der Heimat sehnte sich Gerdas Sinn.
Die Insel sahn sie am fünften Morgen,
Da hatten sie Freud' und schwanden die Sorgen:
Den sonnigen Fels und das schattige Thal,
Das grüßte Gerda wohl tausendmal!

Sie stiegen vom Schiff auf das Land heraus,
Ihre Güter trug man ihnen nach Haus,
Da hatten die beiden gar wohl zu achten,
Daß sie nach Hause kein Raubgut brachten.
Die Hunde sprangen freudig hervor,
Und die Alte saß noch immer im Thor.

Und es sah die Hall', und es sah das Haus,
Und der Hof und alles wie ehmals aus.
Die Vikinge grüßten sie nun und gingen,
Doch kamen die Nachbarn und empfingen
Sie traulich auf ihrem Heimatland,
Manch alter Freund ward wieder erkannt!

Doch Kormak streift' auf dem öden Meer,
Stolz wallte sein Purpursegel daher,
Hinaus in des eisigen Meers Gebreite.
Wohl schwang er sein schartiges Schwert im Streite,
Doch sang er Lieder nach Sturm und Schlacht,
Und in allen war immer Gerda's gedacht.

So trieb er's, bis ihn ereilte der Tod:
Das war ein blutiges Morgenroth.
Auf einem Eisfeld, mitten im Meere
Hatt' er gekämpft mit dem Vikingerheere,
Bis daß er durchbohret und todeskrank
In den weißen Schnee so blutig sank.

Da standen die Feinde betrübt umher,
Der Streit war aus, sie trauerten sehr.
Sprach Kormak: Mich dürstet — es wird so düster —
Aus dem nächsten Kirchspiel holt mir den Priester —
Sie sprachen: Kein Kirchspiel giebt es umher
Auf dem treibenden Eis' in dem öden Meer.

So holt meinen Kelch — und füllt ihn mit Wein —
Das soll meine letzte Oelung sein —
Sie reichten den Kelch ihm hin zum Munde,
Er trank: es stärkt' ihn von Herzensgrunde.
Dann legt er sich nieder auf das Eis,
Er streckte sich aus, ward kalt und weiß.

Die Christen sprachen ein still Gebet.
Dann ward ihm von Schnee ein Hügel erhöht.
Sie stellten den goldenen Kelch zur Seite,
Das Schlachtschwert, das er geführt im Streite,
Das pflanzten als Kreuz auf den Hügel sie jetzt,
Und machten ein Purpurfähnlein zuletzt.

Dann schifften sie fort. In das weite Meer
Trieb nun das Eisfeld schmelzend daher.
Doch Kormaks Ruhm scholl rings in den Landen,
Wo nur sich Sänger und Hörer fanden,
Vornehmlich in König Graurocks Saal —
Er schall' auch heute noch tausendmal!

Drittes Buch.

Elegieen.

I.

Schmachvoll leb' ich in Frohn; mich zwinget die mächtige Schönheit,
Liebchen, du frommes Kind, zwingst mich so streng' und so schwer.
Wer bei Feuersgefahr als lästiger Gaffer sich vordrängt,
Der verdient es gewiß, daß man mit Zwang ihn ergreift,
An die Pumpen stellt man ihn hin, es triefen die Kleider,
Und man läßt ihn nicht los, ehe das Feuer gedämpft.

Aber wer dir nur genaht, wen angeblicket dein Auge,
Wen im Vorbeigehn dein florener Aermel gestreift,
Der ist entrissen dem ernsten Geschäft, es bestäuben die Bücher,
Und wenn die Mus' ihm nicht hilft, wird er zum Narren gewiß.
Gleich wie den Mühlgaul spannt sie ihn ein; er muß in die Runde,
Und so giebt sie fürwahr jedem sein Mühlchen zu drehn.
Liebchen, du füllst Berlin mit Pflastertretern in Menge,
Und belebter gewiß machst du das Viertel der Stadt.
Was sie laufen, und was sie sich mühn, und was sie sich putzen,
Immer am Fenster hinauf, immer am Fenster hinab.
Der als Richter des Volks soll Akten machen und lesen,

Immer höher empor häuft sich ihm Bündel und Stoß,
Und es schrein die Partheien, beklagen die schlechte Verwaltung,
Und es wünschet das Volk anderes schnelleres Recht.
Aber der richten soll — ich wett', er schnitzelt und kleistert,
Denn er meinet, der Thor, Liebchen gefällig zu sein.
Siehe, so macht sie aus allen nur Müßiggänger und Thoren,
Sündlich wär es gewiß und für den Staat ein Verderb:
Aber die Fromme, sie macht auch Kirchengänger die Menge,
Dieses allein zum Glück wieget den Schaden noch auf.
Und es brüstet sich mehr der eitele Pfaff auf der Kanzel,
Denn er meinet, es drängt nur sich die Menge nach ihm.

Nun ich dränge mich nicht — denn mir hat Liebchen ein andres,
Mir hat Liebchen aus Gunst nur ein Gelindes verhängt:
Immer leier' ich nun mein leichtes Mühlchen nach Kräften,
Meinen Hexameter auf, meinen Pentameter ab.

II.

Vor der offenen Thür der Gefahr auf der
Schwelle zu würfeln,
Warum ist es so süß, daß es mich ewig
verlockt!
Ueber Gesteine zu spornen das Roß, fort über
die Gräben
O das labet und letzt mutig gehobene
Brust.
Auch die Gefahren der Jagd sind glücklichen
Männern ein Labsal,
Nächtliches Ringen mit anlaufendem Eber
und Wolf.
Blutet Jäger und Hund zerfleischt wo, oder
befleckt nur?
War doch des Augenblicks schnelles Erfas-
sen nur Sieg!
Aber die Liebe ja auch, von kühnen Werken
das schönste,

Spielt ihr begeistertes Spiel gern auf dem
Schoß des Verraths.
Hört, da kündet vom Thor der dumpfe Schall
der Kanone
Sicher des Festeinzugs königlich prangendes
Nahn.
Schon, schon reiht sich die Straße der Schauen-
den: vielmal tausend
Frohe Gesichter, wie bunt hoch in den Thü-
ren gedrängt!
Siehe, die Meng' auf den Pfösten umher, auf
Geländern und Dächern,
Und die Knaben im Baum schaun aus den
Kronen hervor.
Aber die Fenster in sonnigem Schein und alle
Balkone
Seh' ich illuminirt hell mit den Schönen
der Stadt!
Dir gilt, fürstliches Paar, der wehenden Tücher
Begrüßung,
Wirklich sind sie es nun, keiner versäume
sie jetzt.

Auf die Stühle, verjüngt, ans Fenster springen die Tanten,
Hauben werden zerdrückt, jeder verdrängend, verdrängt.
Aber eben, so nah den Muhmen allen und Basen,
Giebt sich, kräftig gefaßt, einem sein Liebchen ans Herz,
Da umarmen sich zwei: er drücket sie fest und gewaltsam
An die zitternde Brust, zitternd vor kühnem Genuß,
Küsset sie heiß und laut in das Vivatrufes Berauschung;
In der Umarmung stürmt alle Begeistrung des Volks;
Jetzo lehnen sich alle zurück mit lautem Erzählen
Vielfach musternd, nur zwei schweigen, die glücklichen zwei.
Also der Huldigung, fürstliches Paar, auch genossen die Kleinen,

Euere Lieb' im Volk konnte sie schirmen allein.

Ja ihr hattet den Tag zum Fest der Liebe gekrönet,

Und ihn feierten so glücklich die Liebenden mit.

III.

O wie reizend das silberne Band in den dunkelen Locken
Und wie lieblich der Schmuck gaukelnder Perlen im Ohr,
Wie anmuthig auch spielt ein schaukelndes goldnes Gehänge
Auf der heiteren Stirn, wenn sie das Köpfchen bewegt!
Ist es nicht werth, daß sie tief in den Schooß der Erde sich graben,
Daß sich der Bergmann müht durch das gesprengte Gestein!
Ist es nicht werth, daß der Taucher in öde Tiefen hinabsteigt,
In das schaurige Reich flutender ewiger Nacht!
Siehe, das Gold ja freut sich des Lichts, es äugelt dem Licht zu,

Lieblich mit mildem Blick glänzen die Perlen im Licht:
Aber hangend im Ohr den schlanken Hals zu umgaukeln,
Ach, was hilft es dem Gold: mir nur bewegt es das Herz.
Und was hilft es den Perlen am schwellenden Busen zu ruhen:
Wie er athmet und wogt, mir nur beengt es das Herz.
Doch so wenig sie denkt der kläglichen Tage des Bergmanns,
Wenn sie gefällig mit Lust schwenkt den beweglichen Schmuck,
Und so wenig sie denkt der schaurigen Aengste des Tauchers,
Wenn auf dem Busen im Gehn gleitet der perlene Schmuck,
Ja so wenig weiß sie es auch, wie traurige Nächte
Mir ihr flüchtiger Blick bringt und ihr lächelnder Mund.

Ach, wem wäre der Schacht zu tief, wer ginge nicht gerne
Unter lastendes Meer, wo ihm der Athem erstickt —
Mir erstickt er beständig, es ist mein Herz so beklommen,
Ich verträume den Tag, zähle die Stunden der Nacht.
Denn sie löste vom Halse die Schnur, gab sie in die Hand mir,
Und so hielt' ich die Schnur, noch von dem Busen so warm!
Aber die Schönheit, welche das Herz mit Verlangen entzündet,
Ach sie scheuchet zugleich jedes Verlangen zurück.
Darum welk' ich dahin, wie das Kraut, das entwurzelt am Weg liegt,
Wie der zuckende Fisch, der in dem Sande sich quält.

IV.

Junge, wachs' und gedeih', und kommst du zu
männlichen Jahren,
Soll das lieblichste Kind herzlich im Arme
dir ruhn.
Kommt es, weil sie dich preßt an das volle
sammtene Mieder,
Weil sie den glühenden Kuß oft auf das
Mündchen dir drückt?
Knabe, wer gab dir es ein? Sie hielt auf dem
Schooße dich gestern,
Als ich neben ihr stand, weißt du, sie küßte
dich da;
Und sie hielt dich mir hin, daß auch ich dein
Mündchen dir küßte,
Aber hastig gewandt küßt' ich ihr selber den
Mund:
Sieh, da schlangst du sogleich um die Küssenden
beide Aermchen,

Hieltest sie, Kopf an Kopf, lang' an einander gezwängt.
Knabe, wer gab dir es ein? — o sieh, da geht sie und lächelt,
Aber sie schlüpfet verschämt schnell in den dunkelen Gang.

V.

Mich bezaubert dunkeles Haar und dunkele Röthe,
Und ein purpurner Mund, schwellend zum Kusse geformt.
Aber die Blonde verheißt mit blauem schmachtendem Auge,
Hingegeben am Hals, langer Umarmungen Glück.
Wem gefiele die Kleine nicht ganz, die gefällige Kleine,
Kosend möchten wir sie wiegen auf seligem Schooß.
Auch gefällt mir die Große, die Stattliche, denn um so eher
Lehnt' ich mein müdes Haupt ihr auf die Schulter getrost.
Und die Schlanke! das Leibchen umfasse sich gleich wie ein Sträußchen,

Aber als voller Strauß ruhe sie mir an der Brust.
Auch die stille hab' ich so gern, ihr Reden ist Sanftmuth,
Und in beruhigter Brust schlägt ihr ein friedliches Herz.
Doch die im Arm muthwilliger stürmt durch den rauschenden Tanzsaal,
Wer sie hätte! Beglückt wer die Bewegliche hat!
Allen bleibet ihr Werth, ja der schönen Sünderin selbst noch,
Liebt man die Sünd' auch nicht, liebt man die Sünderin doch:
Sie ist mild und verzeiht — den Häßlichen gönn' ich die Tugend,
Da sie nicht Schönheit schmückt, schmücke die Tugend sie denn.
Aber die Liebe gehört der Kraft und Jugend und Schönheit,
Und die Liebe sie kann, denk' ich mir, sündlich nicht sein.

VI.

Mittags schlief ich im Gras, und über mir
wehten die Halme,
Ueber mir wehte der Hain rauschender
Buchen daher;
Schwüle hauchte mich an vom reifenden Waizen-
felde,
Aber auch Kühle mich an von dem geschlän-
gelten Bach.
Siehe, da war es, als wären gelöst die Zungen
der Blätter
Und der Gräser, es sprach deutlich die Welle
des Bachs.
Was sonst wild durch einander verrauscht, ich
konnt' es vernehmen,
Denn es sonderte sich jedes Geflüster
heraus.
Erstlich sprachen die Halme des Korns: Sie
lässet uns gleiten

Durch die Finger der Hand stolzer erheben wir uns!
Und es sagten die Gräser: Wir schlüpfen ihr unter des Kleides,
Unter des Kleides Saum — üppiger schwellen wir drum.
Und es sagten die Büsche: Wir haben den Arm und die Wange,
Ihre Wange gestreift — frischer erblühen wir drum.
Endlich sagten die Wellen des Bachs: Wir haben umspület,
Hörst du? ihr Knie, ihr Knie — darum erzittern wir so.
Andre riefen entzückt: Wir haben umfangen, umfangen
Ach, den Busen, den Hals — schwellender taumeln wir drum.
Und ich sprach zu den Wellen, den Gräsern und Büschen im Halbtraum:
Zwar beneid' ich euch sehr: aber auch ich bin beglückt,

Denn ich hab' ihr die Schulter berührt mit se-
ligem Finger,
Als von der Achsel ihr, wißt, schlüpfte der
Aermel herab.
Darum zittert mein Blut, und schwimmt es mir
vor den Augen,
Darum im Halbtraum so schlendr' ich mein
Leben dahin.

VII.

Oftmals hab' ich verwünscht die großen unförmlichen Hüte,
Weil sie den Anblick mir meiner Geliebten geraubt,
Aber zum Einsehn kam ich darauf und ändre die Meinung,
Jegliches Uebel fürwahr hat doch sein Gutes zugleich.
Wollen die Mädchen nun in den Hüten sich küssen: Vergebens!
Desto besser gelang mir es mit fliegendem Haar.
Unter den Hut geschlüpft, so konnte sie mir nicht entgehen,
Und wir waren umwölbt rings von dem Schirme des Huts.
Liebliches Dunkel wars, und sie ergab sich mir gerne:

Unter heimischem Dach glaubt' ich zu wohnen mit ihr.
Später freilich im Gras — noch ist die Stätte zu finden,
Wo wir ruhten im Gras — wurde verschoben der Hut.
Hätt' uns Einer belauscht dort unter dem offenen Himmel?
Doch der Himmel ja schien her sich neigen auf uns.
Ach, daß er nah uns umwölbt mit blauem florenem Schleier,
Als Betthimmel auf uns nahe sich nieder gesenkt!
Daß er gleich wie ein Netz uns beide traulich umschlossen —
Gleich wie dereinst Vulcan fesselte Venus und Mars.
Nein, daß lieber der Himmel den Sternenmantel gebreitet,
Und die Seligen drin stille mit Schlummer bedeckt:

Und wir fühlten im Traum, wie flutende Meere
der Wonne,
Wogend über uns hin, voll sich ergössen
im Strom!

VIII.

Trübe Stille der Luft und bange Schwüle des Wetters:
Will des Himmels Gewölb steigen zur Erde herab?
Will die Erde hinauf und wollen alle Gewässer,
Sich ausathmend in Dampf, wallen zum Himmel empor?
Nieder tauchet die Schwalbe mit Lust auf den Spiegel des Wassers,
Aber mit Unruh taucht auf in die Lüfte der Fisch:
Alles will im Andern vergehn, und schwüles Begehren,
Matte, schwindelnde Lust hält das Lebendige fest.
Mich erst quält unendlicher Drang, unendliches Sehnen,

Kuß an Kuß ihr zu ruhn, Athem um Athem zu ziehn,
So uns des Regens zu freun und der lind anwehenden Kühlung —
Soll ich die Vorhäng' auch schließen? du fürchtest den Blitz.
Nein, sie flüchtet zu mir vor dem Blitz, vom Blitz bis zum späten
Donner, ein langer Kuß füllet die Weile der Angst. —
Lockende Bilder, hinweg! ihr mahnt und könnt nicht erfüllen,
Kürze mir, Phantasie, lieber die Stunden bis Nacht.
War das Donner? — o nein, der Wagen im hallenden Thorweg;
Aber die Ferne ja scheint flüchtig von Blitzen erhellt.
Weht die Wolken heran, die in sonnigem Glanze gethürmten,
Winde, weht des Gewölks düstre Geschwader heran,

Kommet, kühlt mir die Brust; doch sie wirbeln
den Staub an die Wolken!
Große Tropfen, o fallt dichter und dichter
herab!
Das war ein Blitz! geblendet, berauscht ist das
Auge vom Lichtglanz,
Aber der kühnere Blick freut sich der Flam-
mengewalt.
Das war ein Schlag! er toset und tost und
weiß nicht zu enden,
Aber es labet das Herz, wie er durchschüt-
tert das Mark. —
Blitz auf Blitz und Donner und Guß, es schäu-
met der Teich auf,
Unten die Erd' ist erfrischt, oben der Him-
mel gekühlt.
Ich allein muß warten bis Nacht, bis leuchtend
der Vollmond
Durch das geläuterte Blau wandelt am
Himmel herauf.
Jetzo kennet der Mond sie noch mehr, der im
Bade sie schauet,

Durch die Kastanien blickt und auf dem Busen ihr spielt;
Jetzt noch kennt sie vertrauter der Fisch, der die Hüft' ihr gestreift hat:
Selig schießt er dahin durch die krystallene Flut!
Doch heut Nacht durch die Büsche, die tropfenden, stürz' ich ans Gitter,
Und das Gitter ist dann, dann mir geöffnet die Thür. —
Komm' ich wieder zurück, so streck' ich die Arme zu dir aus,
Mond, wärs möglich, umhalst hielt ich dich brüderlich dann:
Du im Himmel und ich auf der Erd', uns ist kein Geheimniß:
Habe den Himmel für dich, und ich beneide dich nicht.

IX.

Daß das Glück dem Verwegnen nur hilft, ich kanns nicht bekräften,
Aber ich selber erfuhr, daß es die Blöden beschützt.
Denn wie hätt' ich allein es gewagt, zu nahen der Schönheit,
Die mich mit Staunen ergriff, als ich zuerst sie erblickt.
Neben der Mutter ging sie, den Prunk der Läden bewundernd,
Mit gefälligem Schritt über den glatten Granit.
Und wie sie schwenkt im Gespräch ihr Sonnenschirmchen manierlich,
Kommen Kutschen daher schnell um die Ecke gerollt.
Ungeschick war's sicher, doch weiß ich nicht, wie ich es anfing,

Daß mir ihr Parasol zwischen die Kniee gerieth.
Ich nun komm' ins Stolpern, es springt geschleudert der Schirm fort,
Aber ich reicht' ihn ihr dar, und sie verbeugte sich mir.
Ich entschuldige mich und sie entschuldigt sich gleichfalls;
Leute, die es gesehn, lachten mich sicherlich aus.
Doch die Gute beruhigte mich, zwar lächelnd ein wenig,
Und ausspannend den Schirm, wies sie ihn heiter mir hin.
Also schritt ich neben ihr her, mich führte mein Weg so,
Doch an der Ecke des Markts freundlich empfahl sie sich mir.
Und wir drehn uns herum, doch beid' in die nämliche Straße
Lenken wir, und ich muß wiederum neben ihr gehn.

Sehr verlegen ward ich darum, doch lachte die Mutter,
Und das liebliche Kind lachte so tröstlich mir zu.
Jetzo stehen sie still, und ich nicht minder verweile,
Bis sich die Mutter empfiehlt und sich die Tochter verbeugt.
Und wir drehn uns herum, doch beid' in das nämliche Haus nur
Lenken wir, beid' hinein ganz in dieselbige Thür.
Da empfängt uns der Wirth als seine geladenen Gäste,
Und es birgt mich mit ihr ein und dasselbe Gemach.
So beschützte das Glück, das freundliche, mich den Verlegnen,
Doch vollendet' es auch, was es so lieblich begann.
Werd' ich sie wiedersehn? so dacht' ich bei Nacht und bei Tage,

Und durch die Straßen der Stadt irrt' ich
und sucht' ich umsonst.
Siehe, da tönen mit schmetterndem Lärm die
Hörner und Trommeln:
Feuer ist! Wo ists? fragt man einander
umsonst.
Ich und meine Gefährten, wir ziehn mit der
Woge des Volkes,
Und gelangen zuletzt bis an das Feuer
hinan.
Und da ist es fürwahr ein kleiner erbärmlicher
Schornstein,
Längst gelöscht, der die Stadt schnell auf
die Beine gebracht.
Alle sehen einander an, es erschallet Ge-
lächter,
Aber in vollem Gallopp sprengen die Spri-
tzen herbei.
Ach, wir werden gedrängt, wir retten uns schnell
in den Hofraum,
Aber, zum Unglück, hier kommen wir schlim-
mer noch an:

Denn an dem Druckwerk stehn hier übermüthige
Bursche,
Diese lenken den Strahl grad' in das dichte
Gewühl.
Wir zwar standen zu hinterst, doch rückwärts
drängte die Menge,
Aber es bricht der Zaun und wir benutzen
den Weg.
Niemals waren wir dort, es schien ein jüdischer
Kirchhof:
Ueber den Kirchhof fort, über die Zäune
dahin!
So gelangen wir bald in einen freundlichen
Garten,
Wo auf dem Rasenplatz fröhliche Schaar
sich bewegt.
Ich natürlich bin der Verlegne, doch eh ich mich
umseh',
Hält mich, tüchtig umfaßt, denkt euch, ein
Mädchen im Arm.
Ich will los, doch sie ruft: Ich habe dich, wart,
du entkommst nicht

Und der lustige Schwarm schlägt ein Gelächter empor,
Aber ihr Aug' ist verbunden; sie kommen und lösen das Tuch ihr,
Und beim Himmel, sie ists, die in den Armen mich hält.
Wer war mehr verwundert, als ich; sie war es nicht minder,
Doch es enträthselt sich bald dieser erstaunliche Fall.
Blinde Kuh hier spielt' im Garten die frohe Gesellschaft,
Aber der blinden Kuh lief ich gerad' in den Arm.
Siehe, sie nimmt das Tuch und will mir die Augen verbinden,
Denn so fordr' es das Spiel, und sie bestehet darauf.
Doch sie band nicht zu fest; ein weniges sah ich noch schimmern,
Und so wollte mein Glück, daß ich sie wieder umfing.

Dieses sahn die Gefährten nicht mehr, doch jenes noch sahn sie,
Und die Dreisteren selbst zogen verschämt sich zurück.
Ich nur durfte noch bleiben bei ihr: Hier wohnet sie also!
Dies ist der Garten, und dort blicket aus Bäumen das Haus.
Selbst erkannt' ich den Vater, man nannte mir Onkel und Muhmen,
Und da waren vereint Vettern und Basen zumal.
Allen ward ich bekannt und dem lachenden Vater befreundet —
Ach, wie hätt' ich's gekonnt ohne so seltenes Glück?
Das gab fröhliche Stunden mir selbst und meinen Genossen,
Necken ließ ich mich gern, der ich so Süßes erfuhr.
Aber das zweimal Wunder gethan, es thuts nicht zum dritten,

Und mich verläßt dies Glück nun vor dem Ziele gewiß.
Ja, es hat mich ihr nahe gebracht, daß ich nah ihr verschmachte,
Oder es fordert Entschluß, den ich nicht habe, von mir.
Zweimal hat ihr Arm mich berührt, zweimal und nicht wieder,
Denn wie fing' ich es an, ach wie gewönn' ich das Herz.
Wenigstens muß ich sie sehn: ich wags, ich will sie besuchen —
Nur unglücklich fürwahr hatt' ich den Tag mir gewählt.
Zwar man führt mich hinein, sie aber ist nicht zu Hause
Weil auf der Bleiche sie selbst häuslich die Wäsche besorgt.
Spät erst kommt sie am Abend; ich geh' indeß in den Garten
Und betrachte mir da, ach, das zertretene Gras.

Endlich sitz' ich allein auf der Bank, die neben der Hausthür,
Nach dem Garten gewandt, unter Kastanien steht.
Dämmrung wards und Dunkel gemach, schon kommen die Sterne,
Da kommt sie auch und läßt freundlich sich nieder zu mir,
Klagt mir, wie müde sie sei in allen ihren Gelenken,
Denn von der Wirthschaft sei dieses das schwerste Geschäft,
Doch das nöthigste auch denn täglich saubere Wäsche
Mache das Leben vergnügt, erst und erheitre den Sinn.
Aber damit der duftende Schrank vollstehe des Linnens,
Glänzend geplättet und auch zierlich in Falten gelegt,
Müsse die Hausfrau schon vom frühesten Morgen dabei sein

Weil das Gesinde sonst lässiger alles betreibt.
Ich bekräftigte das, doch wußt' ich nichts zu erwidern,
Nur wie müde sie sei stellt' ich lebendig mir vor.
Da ertönte Klavier und Gesang, im oberen Zimmer
War's die Schwester, es scholl sanft zu den Fenstern heraus.
Ueber uns glomm auch das Licht in die grünen Kastanienzweige;
Aber am Himmel stieg über den Häusern der Mond.
Sie nun lehnte sich an und es senkte gemach sich das Auge,
Und die Schulter bereits ruhte mir warm an der Brust.
Ach bald fühlt' ich, wie süß, den schlummerathmenden Busen,
Aber der Vollmond schien heller und heller durchs Laub,

Gönnte das Antlitz mir, das übergebeugte, zu schauen,
Ihr geschlossenes Aug', ihren gefälligen Mund.
Hätt' es zu lange gewährt, vor Wonne wär ich vergangen;
Aber es schwieg die Musik, Stimmen erschollen im Haus.
Weck' ich sie lieber? doch eh ichs gethan, steht vor mir die Schwester,
Die mit Verwunderung sich unsere Scene beschaut.
Endlich lacht sie und spricht: das gleichet ja einer Umarmung.
Ich erschrak, doch nun schätz' ich auch dieses zum Glück:
Denn es erwarb mir sogleich die treuliche Bundesgenossin,
Die im Stillen mir hilft und mich gewiß nicht verräth.
Aber Liebchen erwacht' und dehnte sich noch an der Brust mir,

Rieb sich die Augen, doch dann sprang sie vom Sitze verschämt.
Ich nun hob sie die Stufen empor; schlaftrunken und lichtscheu
Hätte sie bald mein Glück oben verrathen im Saal.

X.

Kind, was hast du gethan! weit offen find' ich die Thüren,
Und es schlüpfet ein Mann mir auf der Treppe vorbei.
Ganz in den Mantel hüllt' er sich ein, mit schlechtem Gewissen,
Sehr verdächtig erschien mir die verhüllte Gestalt.
„Mutter, sicherlich war es ein Dieb, ihr habt ihn verscheuchet,
Unter dem Mantel gewiß trug er gestolenes Gut."
Und es suchet die Mutter umher, sie zählet das Silber,
Mustert das Linnen im Schrein, zählet die Tassen im Schrank.
Doch vor den Spiegel tritt mit verstolenem Lächeln die Tochter,

Bindet den Lockenschmuck, ihren gelösten,
empor,
Nimmt vom Busen die Rose sich ab, die zer=
drückte, gepreßte,
Klammert die Bibel auf, legt sich die Rose
hinein.

XI.

Ach, wie soll ich vergessen die Stimm' und den Mund und das Auge,
Wie die rollende Thrän' und den erseufzenden Hauch?
Wie den Nacken, den ich umschlang, die umschlingenden Arme,
Wie die schluchzende Brust, die an der meinem gepocht!

Lange saß ich gekerkert allein, ein ewiges Jahr lang,
Aber im vierten Mond kannt' ich die Stimme zuerst,
Die das Herz mir erquickt, wie ein warmer lebendiger Heilquell,
Dann auch hört' ich sie gehn kam sie die Stiegen empor.

Kräftig geschnellt, wie sprangen die Wort' ihr über die Zähne,
Und wie lieblich geformt über die Lippen hinweg!
Und ich dachte die Zähne, die Lippen mir, dachte mir deutlich
Aus dem elastischen Tritt ihre so schlanke Gestalt.
Und ich hört' ihr lachendes Herz, das jugendlich aufschlug,
Unten mit Mädchen im Hof scherzte sie munteren Sinns.
Sehen konnt' ich sie nicht, doch zu lauschen machte mir Freude,
Und mein enges Verließ schien mir erträglicher schon,
Schon begann zu weichen der Groll, Betrachtungen nahten,
Und ich fand an mir selbst einen Vertrauten und Freund.
Aber als ich vernahm die liebliche Stimme des Herzens,

Ihren vollen Gesang, innig und selig und süß:
Da erwachten in mir die alten tröstlichen Lieder,
Und zu den Mauern empor sang ich aus schallender Brust.
Schwieg ich, so hub sie an; ich kannt' und lernte die Lieder:
Was die Stimme mir sang, sang ich der lieblichen nach.
Aber auch sie, ich hört' es entzückt, sie sang mir die meinen,
Und ein jedes erschien schöner und tröstlicher mir.
So vernahmen den Wechselgesang, herüber, hinüber,
Immer aus vollerer Brust, Mauern und Dächer umher.
Könnt ich sie einmal sehn! das Ohr umarmt nicht die Schönheit,
Einmal sehen die Brust, welche die Lieder ergießt!

Doch der Genossen berauschendes Wort und die
Stimme des Leichtsinns
Müß' ich mein Leben lang traurig vergessen
in Haft.
Weiß ich, wie mir geschah! sie kommt in hastigem Schritte,
Oeffnet die Thür und tritt stattlich und
züchtig herein:
„Du bist frei! da erbrich und lies. Es wartet
der Wagen
Unten deiner, und gern bracht' ich die Kunde
dir selbst.
Auf, und folge mir schnell, noch füttern sie
draußen die Pferde,
Komm, auf besserem Weg führ' ich dich kürzer hinab!"
Siehe, sie führte mich nun durch abendrothe
Gemächer:
„Dieses Stübchen ist mein", sprach sie und
lachte mich an.
„Ach, wohl lange hast du entbehrt der belebenden
Sonne,

Und sie öffnete schnell mir zu dem Söller die Thür.
Schaute messend mich an, ob die offene grünende Landschaft,
Wiesen, Wälder und Fluß labe mein Aug' und mein Herz.
„Sieh, hier unten bis an den Zaun ist mein eigenes Gärtchen,
Aber dir schwindelt vielleicht über die Stiege zu gehn."
Wohl, mir pochte das Herz. „Schmal ist die offene Stiege,
Sprach sie, ich bin's gewohnt, reiche mir lieber die Hand.
Was hier blühet, ist mein, auch die Laube baut' ich mir selber,
Komm' und setz dich hinein, denn du entbehrtest es lang."
Und sie setzte sich auch; sie wog die Schwere der Trauben,
Die so üppig und voll hingen zur Laube herein.

„Sieh, ich freute mich schon, wenn sie reif geworden, so hätt' ich
Einen beladenen Korb dir in die Kammer geschickt.
Doch sie röthen sich erst, und du bist früher in Freiheit:
Dafür hab' ich dich nun hier in der Laube bei mir."
Und ich habe dafür dich im Arm, so sprach ich und faßte
Ihren Nacken und sie gab sich mir willig ans Herz.
Da umschlang ich sie selbst die Gestalt, und hielt sie umfangen,
Welche die Phantasie nur aus dem Tritte gekannt,
Und es fugte sich Mund an Mund, ich fühlt' und genoß ihn,
Den ich ein langes Jahr nur aus der Rede gekannt.
Ja ich fühlte sie selbst die schlagende Brust an der meinen,

Die ich nur aus des Gesanges mächtigem Tone gekannt.
„Immer, sagte sie, hab' ich gemeint, du wärest nicht schuldig,
Und du kämest noch frei, und auch zu Ehren gewiß.
Was ich verbrach, das weiß ich nicht, nur kindisches Denken
War es, aber indeß bin ich zum Manne gereift,
Und der Sinn, der Thörichtes that, er hätte das Beste
Eben so ernstlich gewollt, wenn er das Beste gewußt.
Freiheit sagst du? ich muß nur fort, und muß dich verlassen,
Deine Stimme nicht mehr hör' ich und deinen Gesang.
Thränen kamen ins Aug', es stürzten ihr nieder die Thränen,
Und den Busen bewegt preßte sie schluchzend an mich.

Schon ertönt' im hallenden Hof das rufende Posthorn,
Und von den Küssen mußt' einer der letzte doch sein.

Ach wie soll ich vergessen die Stimm' und den Mund und das Auge,
Wie die rollende Thrän' und den erseufzenden Hauch,
Wie den Nacken, den ich umschlang, die umschlingenden Arme,
Wie die schluchzende Brust, die an der meinen gepocht!

Postillon, fahr rüstiger zu, daß die Stadt wir ereilen!
Hinter mir liegt mein Glück, vor mir ein banges Geschick!

XII.

Lass' uns hinaus aus dem engen Gemach und lass' uns ins Freie,
Liebchen, ich nehme das Buch, draußen ergötzen wir uns.
Komm auf den luftigen Sitz, dort schattet die ragende Mauer,
Und wir schauen bequem über die Gärten hinaus.
Ach, heut schattet die Mauer umsonst, es athmet die Schwüle
Her von dem Waizenfeld und aus den Gärten herauf.
Siehe den Staub des Weges, und dort auf den Gipfeln des Waldes
Lagert des Nachmittags schläfrige Schwüle sich hin.
Aber Liebchen, am Bach wohl kühliger schatten die Buchen,

Komm, in des Laubgewölbs wankenden
Schatten zu ruhn.
Sieh, es ruhet der Spiegel des Teichs und
schlummern die Wellen,
Nur mit müdem Geräusch plätschert die
Quelle herab.
Lieblich wäre der Schlaf beim Fall der plät-
schernden Wasser,
Auch die Vögel umher flüstern nur eben
im Traum.
Nur am ruhigen Halme des Rohrs noch schwe-
ben Libellen,
Siehst du, mit blauem Leib, flüchtige Kin-
der der Luft.
Aber für uns wohl ruhet es hier im Moose sich
besser,
Laß, statt unser, im Buch blättern den
spielenden Hauch.
Lieblicher ist es, gelagert die schlanken Aest' in
dem Blauen
Mit dem sonnigen Grün über uns schwan-
ken zu sehn.

Jetzt versiegt auch der lindeste Hauch; die
Zweig' und die Blättchen
Stehen still in der Luft, Schlummer umfängt sie betäubt.
Ich auch schließe die Augen. — Da fährt statt
fächelnder Winde
Liebchens kosende Hand leise mir durch das
Gelock.
Zauberisch streichet sie hin mit der Hand, mir
schwinden die Sinne,
Und ein dämmernder Traum liefert dem
Schlafe mich hin. — —
Ja — was ist! — mich erwecket ein Schlag
des rollenden Donners;
Fern aus schwarzem Gewölk wieder ein
zuckender Blitz!
Liebchen lacht den Verschlafenen aus; mir treulich zur Seite
Hat sie gesessen und hat fleißig gelesen im
Buch.
Klüger ist sie als ich, und hat mir viel zu erzählen,

Aber vor Angst verstummt schnell ihr vertrauliches Wort.
Eine summende Hummel umschwärmt die Kräuter und Blümchen,
Und von der Blüte getäuscht summt sie um Liebchen herum.
Angstvoll rettet sie, klammert sie sich mir fest um den Nacken
Und verbirgt ihr Gesicht mir an der Wange so hold.
Aller Küsse süßester wird's, der Umarmungen längste,
Bis ein schmetternder Schlag Liebchen durchbebt und erschreckt.
Doch schon rauschet der Spiegel des Sees von fallenden Tropfen,
Und sie mahnen uns wohl eilig nach Hause zu gehn.
Kalte Tropfen fallen uns da auf die glühenden Wangen,
Dunkele Tropfen umher netzen die Stein' und den Staub.

Siehe, die Erd' ist schwarz und es lichtet schon der Himmel:
Schnell die Pferde geschirrt! Liebchen, wir fahren nun aus!
Mütterchen, schnell den Hut! Schön Liebchen klatscht in die Hände:
Ja, in die Berge hinaus fahren wir, Liebchen und ich!

XIII.

Sonst beriethens die Alten, des Jünglings Vater verfügte
Nach der Predigt im Staat sich zu den Eltern der Braut.
Wichtig hörte man an des Werbers peinlichen Umschweif,
Den man verbindlich zuletzt, aber bedenklich entließ.
Wars nun reiflich erwogen, so ward die Tochter gerufen,
Die sich gehorsamlich fügt' in der Eltern Gebot.
Dann bedurft' es nur noch vor der Braut des flehenden Fußfalls,
Bis sie mit Sittsamkeit ihn von dem Boden erhob.
Mindestens war es ein Brief, in zierlichen Zeilen geschrieben,

Worte wie Marzipan, schmachtend und zärtlich zugleich.
Ehrliche alte Zeit! jetzt, ach, verkuppeln die Herzen
Heimlich sich selbst, und geheim schlürfen sie trunkenes Glück.
Wie zwei Schmetterlinge sich haschen, sich lustig umschwärmen,
So umschwärmen sie sich, fröhlich und selig berauscht.
Fragt ihr, was sie vereint: o gewiß kein Liebesgeständniß,
Kein gelispeltes Ja, noch ein erwiederter Druck;
Auch kein schmachtender Blick — doch manche süße Begegnung,
Die sie mit himmlischem Netz enger und enger umflicht.
Ach, sie bergen ja nicht sich den Lauschenden, sondern sich selber,
Aber die Lieb' indeß, reifet, die süße, heran.

Wen entzückte nicht ganz das frühe duftende Veilchen,
Dem entreißest du nicht, prahlende Rose, den Preis.
Junge, schöne Gestalt, du früh entfaltete Blüte,
Deinen heitersten Lenz hab' ich durchflogen mit dir.
Freude füllt mir die Brust, so wie ich deiner gedenke,
Liebe kehrt mir zurück, süßer Erinnerung voll.
Wie umtanzte sie mich mit freudiger Glut in den Gliedern,
Und wie traulich geheim wurde geplaudert, gelacht!
Alles sagte sie mir, sie plaudert' ihr Herzchen mir ganz aus,
Alles sagten wir uns: aber die Liebe nur nicht.
Ja, was braucht es der Worte, die Worte sind Lauscher und Zeugen:

Liebe versteht sich so leicht, aber die Worte
sind kalt.
Wenn es Worte vermöchten, wozu die glühenden Küsse? —
Doch der Geliebtesten Kuß ließ ich mir
ewig entgehn!

Kühnheit lehret die Liebe den Mann, doch macht
sie die Mädchen
Sinnig und schlau; nichts geht über ein
Mädchen die liebt.
Und die scheue Liebe zumal: Verkleidungen
liebt sie,
Und in jeder Gestalt sinnt sie Vertrauliches
aus.
Reizend daherstolzirt in meinem Hute das
Mädchen,
Macht ein ernstes Gesicht: aber sie grüßt
mich so schön.

Siehe, den Ueberrock, den englischen, langen, ergreif' ich,
Und sie schlüpfet behend schnell mit den Armen hinein.
Ihr um das Leibchen knöpf' ich ihn zu, sie selber am Busen,
Wie er nicht schließen will — ach, da erröthet sie hold.
Selige Stunden, wo ich ihr half die Zöpfe zu flechten,
Zürnen wollte sie mir, aber sie lächelte nur.
Denn ich hatt' ihr entrissen den Kamm, ihr fielen die Zöpfe
Lang den Rücken hinab, daß es mich nimmer gereut.
Blumen flocht' ich drauf ins Haar und die wallende Feder:
Je seltsamer der Schmuck, desto bezaubernder sie!
Streich' ich das Haar aus der Stirn: ein altnürnbergisches Fräulein

Scheint sie, und geht ehrsam, doch es verräth sich der Schalk.
Kühner lös' ich die Fülle des Haars, den Nakken umwallt es:
Wie sie verschämt sich streubt, wird ihr die Schulter entblößt:
So wird Eva gemalt, nicht jugendlicher und frischer,
Als sie lieblich und froh trat in die wartende Welt.
Aber ich fasse zusammen das Haar und schlinge den Knoten,
Der nach hinten so schön formt das gefällige Haupt:
Helena ist sie jetzt, mit griechischem Knoten gebunden,
Wie sie die Helden mit volltraubigen Locken entzückt.
Griechisch red' ich sie an: sie plaudert mit spottendem Ton mir
Liebliches Kauderwelsch unter Gelächter zurück.

Siehe, da regt im Schlaf die gute kränkliche Tante
Drüben im Lehnstuhl sich: Liebchen ermahnt mich geheim.
Und sie löset den Schmuck, und ist nun wieder mein Lottchen,
Mit dem gescheitelten Haar und mit der Schleife darin.
Da erwacht die Tant', und guten Abend ihr wünsch' ich,
Die sich meines Besuchs freundlich und herzlich erfreut.
Aber des Spieles genug: es drängt die häusliche Arbeit,
Liebchen kommt mit dem Garn und mit den Knäulen herbei;
Auf dem Sopha sitzen wir beid', und daß ich nicht müßig
Sei, so spannet sie schnell mir um die Hände das Garn.
Sie nun wickelt behend, und ich entlasse den Faden,

Aber mir fallen herab lockere Schlingen des Garns;
Vielmal bringt sie den Knäuel hindurch, doch schlimmer verwirrt sichs,
Und die zärtliche Hand weichet der meinen nicht aus.
Drüber ist ihr entfallen der Schuh, ich schiebe den Schuh fort,
Und zur Strafe dafür tritt sie so sanft mir den Fuß.
Eifriger rücket sie her, und die Kniee begegnen sich gerne,
Aber drüben am Licht sitzet die Tante, und liest.
Unsere Schattenbilder bewegen sich über dem Sopha
Hin und her an der Wand, gegen einander gekehrt.
Plötzlich springet sie auf: was ist? Sie holet den Röthel,
Und sie will an der Wand zeichnen mein schwankendes Bild.

Da ward lustig gelacht der Verzerrungen, wieder versucht sies,
Und sie faßt mich am Schopf, drücket die Wang' an die Wand.
Aber auch das mißlingt. Ich mein' es besser zu können,
Unterstütze das Kinn, daß sie das Köpfchen nicht regt.
Glücklich bin ich am Mund: jetzt gilt es, Lottchen, nicht lachen;
Aber sie lächelt und lacht, und es versagt mir der Strich.
Selbst auch lachet die Tante: sie will uns putzen die Kerze,
Aber ach, sie verlöscht über dem Putzen das Licht.
Liebchens Nacken hab' ich im Arm, ich streichl' ihr die Achsel,
Aber die Tante bläst wieder die Kohle noch an.
Eifriger waren die Liebenden nicht die ersten Erfinder,

Denn der göttlichen Kunst führte die Liebe die Hand!
Liebchen versucht von neuem mit Lust mein Bild zu entwerfen,
Aber am Bärtchen jetzt scheitert der bess're Versuch.
Hastig nimmt sie die Scheer' und droht mir's heimlich zu stutzen,
Aber sie droht nur, und raubt schnell mir die Locke der Stirn.
Reich durch solchen Verlust entläßt sie mich. Draußen ist Mondschein,
Nachtigallengesang tönt durch die Stille der Nacht.
Wer kann schlafen? der Nüchterne nur, doch nicht der Beglückte,
Selig, wem Träume des Glücks scheuchen vom Haupte den Schlaf.
Selig, wer es erfuhr, in lauen Nächten des Sommers
Suchen den kühleren Hauch, daß er erfrische die Brust!

Erst auf das Lager streck' ich mich hin in der
Stunde der Träume,
Und es durchwebt sich im Traum Liebchen
und Nachtigallschlag.

Auch bei Tage noch träum' ich den Traum und
immer erscheinet
Mir vor dem trunkenen Sinn Liebchens ge=
fälliges Bild.
Wer da liebt, ist nirgend allein, ihm folget die
holde
Süße Gestalt und ist immer beseligend
nah.
Doch was hilft es, sie denken und schauen,
Schauen ist Dürsten,
Und es stillet allein blühender Glieder
Umfahn!
Drum, was zaudr' ich zu pflücken den Kuß
vom rosigen Munde,

Daß ich lindre die Glut, die in dem Marke mir gährt.
Und was zaudr' ich noch lange, den Nacken mit Kraft zu umschlingen,
Und zu pressen ans Herz ihre so wonnige Brust.
Einmal hab' ich geschaut ins Tuch, ihr über die die Achsel,
Als sie lachend sich bog, schaut' ich die Fülle der Brust;
Einmal hat den Arm mir gestreift ihr schwellender Busen,
Und ein Taumel sogleich hat mir die Sinne bestrickt.
Liebchen, dein Kuß allein und seliges langes Umfangen,
Giebt mir die Ruhe zurück, giebt mir die Seele zurück.
Und ich mache mich auf, und eil', und es hüpft mir entgegen,
Liebchen auf Einem Schuh, hinter der Thüre versteckt.

Wir nun gehn in den Garten hinaus, und siehe gereift sind

Schon die Kirschen am Baum, und sie zu pflücken ist Zeit.

Gerne schwing' ich mich auf und klettre von Zweige zu Zweige,

Aber sie kommt und reicht zierliche Körbchen mir zu.

Ja sie wagt es und steiget empor die Sprossen der Leiter,

Beide, schattig umwölbt, birgt uns die Krone des Baums.

Und ich biege die Aest' ihr zu, daß sie pflück' in das Körbchen,

Aber die schönere Frucht bieg' ich ihr selber zum Mund.

Siehe, wir sind allein, und ganz umschirmt uns die Krone,

Ach, wie pocht mir die Brust, ob ich sie küsse geschwind.

Doch sie siehet so klar mich an, und schweiget so stille,

Und ich wage nicht mehr, als ihr zu streicheln das Kinn.
Aber wie ich ihr reiche zum Mund die schwellende Kirsche,
Mit den Lippen, wie sanft, faßt sie den Finger zugleich.
O beneideter Finger! Du bist allein nur beseligt,
Denn ich ließ mir entgehn hier in den Kronen den Kuß!
Ach schon waren gepflückt mit beklommenem Herzen die Kirschen
Nun ihr Küsse wie gern hätt' ich vom Munde gepflückt;
Doch ich schüttelte nur den Baum, sie ein wenig zu ängsten,
Aber sie biß herzhaft mir mit den Zähnchen die Hand.
Ach, da kam auch die Tante sogleich, die kränkliche, gute,
Die in der Laub' am Tisch lange gewartet auf uns.

Und wir stiegen hinab, und niemals kam es mir wieder,
Denn ich hatt' es verpaßt durch mein beklommenes Herz.
Aber als wir zu Hause gelangt, ein stattlicher Wagen
Hält vor der Thür, zwei Herrn, die ich kenne, darin.
Liebchen hat sie schneller erkannt: ihr Vater, ihr Oheim!
Mir von der Seite geschwind sprang sie mit Jubel hinan.
Staunen ergriff die Tant' um der Brüder plötzliche Ankunft,
Aber die Fremden noch mehr über des Mädchens Gestalt.
Ach, da gab es ein Küssen herum — ich hatte das Zusehn;
Und der Diener sogar küssete Liebchen die Hand.
Aber der Vater sprach, ihm lachte das Herz aus den Augen:

Ach wie groß! und wie schön, dacht' er,
doch sagt' er es nicht.
„Nein, ich denke, du wärst noch ein Kind, und
als stattliches Mädchen
Find' ich dich wieder, und dies wurde be-
kräftigt vom Ohm.
Ich stand fern im Zimmer, dem dämmernden,
der ich am besten
Wußte, zur Jungfrau sei Liebchen so lieb-
lich erblüht.
Und ich empfahl mich kurz, denn mich quälte,
mich folterte vieles;
Schwer in Gedanken vertieft irrt' ich ins
Freie hinaus.
Ach, wie anders als neulich, wie anders wacht'
ich als neulich,
Regnigte Nächte durch tief in Gedanken
verstrickt.

Mag' ich es hinzugehn? und mag ich mich zeigen dem Vater?
Ach, es löset sich nun unser verschwiegenes Glück.
Blumen flocht ich ihr oft ins Haar und Kränz' in die Locken,
Aber den Myrtenkranz bring' ich ja leider ihr nicht.
Liebes, geliebtes Kind, mit meiner Seele verwachsen,
Ach, mein Leben erkrankt, wollt' ich mich scheiden von dir!
Jetzt erst fühl' ich es ganz, an offener Wunde verbluten
Würde die Seele, wenn dich trennte von mir ein Geschick.
Und doch trennt es uns nun! — O daß ein beschränkteres Leben,
Daß ein bescheidneres Ziel doch mir der Himmel verhängt.
Leicht wohl wäre gefunden mein Haus, befriedigt mein Leben,

Und in engerem Kreis wüchse mir täglich mein Glück.
Wär es nicht Glück, im Dorf zu predigen biederem Landvolk
Klar und kräftig der Schrift heiliges herzliches Wort?
Segen stiften im Haus, und zu walten in der Gemeine,
Wie Erzväter vordem, wär es nicht goldenes Glück?
Auch bestellt' ich den Garten mir selbst, und steckte die Beet' ab,
Säete reihenweis Bohnen, und Astern und Mohn,
Und es sähe das Weibchen mir zu — sie hielte den Knaben,
Schön wie die Mutter, und froh — Liebchen, o wärest du das!
Aber andere Wege gebieten mir, anderes Schicksal,
Und ein mächtiger Gott, der in dem Herzen mir ruft.

Ruhe läßt er mir nicht, noch Rast, er bringet nicht Frieden,
Sondern ewigen Kampf, und ich gehorche dem Ruf.
Lebe denn wohl, Geliebte! Wir müssen freilich uns scheiden,
Aber wiss', Untreu', ist in der Seele mir fremd.
Nur verzeihe, daß dich mein Herz so innig geliebt hat,
Dies mein schlagendes Herz, welches sich selbst nicht gehört.
Weine nicht, ich scheid'. O lerne mich, Liebchen, vergessen,
Lern' es — ich lern' es nie, aber ich muß und ich will!
Ach, wer kannbezwingen das Herz: du nahtest so freundlich,
So von selber entspann sich das vertrauliche Glück.
Keiner hat es gesagt, wie lieb wir haben einander,

Und kein einziges Wort hat uns als Zeuge
belauscht.
Aber die Sehnsucht sprach in mancher halben
Umarmung,
Und die Liebe verhieß schon sich den sie-
genden Kuß.
Meine Hand ja trägt noch die Spur der per-
lenen Zähne,
Und es hätte dafür sicher der Kuß mir
gebührt.
Ja, er gehört mir, ist mein, und keiner soll ihn
mir rauben,
Einmal poche das Herz noch an dem Bu-
sen ihr laut,
Und es gestehe sich ganz, und es schwinde jede
Beklemmung —
Um zu schreiben? — o Gott, lenke das
Herz und gebeut!
Gieb ein Zeichen! der Liebende glaubt, und läs-
set sich lenken,
Gieb ein Zeichen! wer liebt, steht ja in
himmlischer Macht.

Hingehn will ich nur einmal noch, es komme, was komme,
Und es falle der Wurf, welcher mein Leben bestimmt.

Ach, das waren noch Tage der Qual. Ich fasse mich endlich,
Liebchen zum letzten Mal, ja sie zum letzten zu sehn.
Wenn sie aber, wie sonst, an der Thür entgegen mir springet,
Wenn sie mich fröhlich umtanzt, wenn sie mich nimmt bei der Hand:
Was wohl werd' ich sagen, mit welchem Auge sie ansehn,
Daß es wie kaltes Erz nicht ihr den Busen durchbohrt?
Doch ich erblickt' am Fenster sie nicht, noch sprang sie entgegen,

Mir wie sonst an der Thür, noch an der
Treppe, wie sonst.
Ihre Stimme vernahm ich nicht, noch den tanzenden Fußtritt,
Still war alles und leer, keiner empfing
mich, wie sonst.
Ist denn ausgestorben das Haus? — „Herr,
redet nicht also,
Wißt ihr nicht, krank, sehr krank ist uns
die gute Madam.“
Ist denn Lottchen nicht da? — „O Herr, ihr
wißt es wol besser,
Die ist fort, längst fort, weit mit den
Herren verreist.“
So? — Und ich ging. O Gott, mir schwamm
die Welt vor den Augen,
Und ich besann mich erst, als ich zu Hause
mich fand.
Keine Ruh, mich drängte das Herz hinaus in
das Freie,
Aber im stillen Wald griff mir der
Schmerz an die Brust.

Sie ist fort, längst fort! ist weit mit den Herren verreiset —
Wort, du spaltest das Herz bis in die Wurzel hinab.
Sie ist fort, längst fort! Du hast, o Himmel, entschieden,
Wie ich selber gewollt, doch du entschiedest zu hart.
Einmal wollt' ich sie sehn, einmal sie noch sehen — und scheiden,
Aber du schnittst mir ins Herz, rissest vom Herzen sie aus.
So verlebt' ich Tage des Grams mit blutender Seele,
Bis mir das Herz eingab wieder zur Tante zu gehn:
Denn die Scheidende dachte gewiß noch meiner mit Grüßen,
Und die Tante gewiß meldet mir alles getreu.
Siehe, da pocht an die Thür ein Mann, ein Bote der Trauer,

Und er meldet der Frau sanften und seligen Tod.
Sie ist todt! die Gute ist todt, die treffliche Tante!
Wehe mir: auch dies noch! bin ich doch gänzlich verwaist.
Frieden hat sie und seligen Tod, gestillt ist ihr Leiden,
Aber der letzte Trost ist mir entschwunden mit ihr.
Wer erzählet mir nun, wie Liebchen schied und mich grüßte,
Wer erzählt mir und sagt, wo die Geliebteste weilt!
Ach, sie hätte mir sterbend so gern noch Liebes gemeldet,
Denn die Gute gewiß kannte das heimliche Glück.
Ach, sie hätt' auf dem Sterbebett gesegnet das Bündniß,
Oder mit Vorwurf auch mir in die Seele geschaut,

Und das Herz mir durchbohrt mit stummem zweifelnden Auge,
Und zerrissen mein Herz, wenn sie den Segen mir gab.
Nein, mir wäre geschwunden die Kraft: mit strömenden Thränen
Hätte gesiegt dies Herz. — Aber der Himmel entschied. —
Nun erschien der Morgen, den sterblichen Leib zu bestatten,
Und auf dem Friedhof nur folgt' ich von weiten dem Zug.
Denn ich kannte ja nicht die Trauernden; ferne Verwandte
Schienen's, und thränenlos standen sie rings um die Gruft.
Doch ich barg die Thräne nur kaum, die mir rann auf die Wange,
Und von allen zuletzt warf ich ihr Erd' auf den Sarg.
Ruhe denn wohl, du friedliches Herz, und habe den Himmel,

Dein Gedächtniß lebt stets in der Seele mir fort.
Doch du, heiteres Kind, gedeih noch vielen zur Freude,
Liebliche, du beglückst, wo du nur wandelst und nahst.
Werd' ein Würdiger dein! mein aber denke mit Freundschaft,
Fügt es ein gütiger Gott, o, so begegne mir einst!
Dann erfreut sich das Herz, das im Kampf des Lebens gealtert,
Und es kehret zurück blühende Jugend ins Herz.
Sieh, schon athmet ja freier die Brust und lernt dich entbehren,
Nur wehmüthiger Schmerz trifft mich, erblick' ich das Haus.
Denn dort tönt jetzt Krämergeschrei und feilschender Anruf,
Wo ich im trauten Gemach neben der Freundlichen saß.

Viertes Buch.

1.

Die Lieb' ist aller Sterne feste Sonne,
Die durch den weiten Himmel Leben sprühet
Und schafft, daß jede Farbe lustig glühet;
Die Wesen dürsten, und sie stillt mit Wonne.

Die Erde wäre sonst nur eine Nonne,
Die Sonn' auf ihren Wangen wär verblühet,
Nur Tod und Winter hätten sich verfrühet:
Die Welt wär nichts als eine finstre Tonne.

Wer zweifelt noch, woher die Lieb' entstamme?
Auf jeglichem Altar ist sie die Flamme,
Und ist die Flamm' auf Vesta's keuschem Heerde.

Nehmt ihrer wahr! Sonst wächst sie ungeheuer,
Verschlingt in Flammen Himmel euch und Erde,
Und überflamm . Höll' und Fegefeuer!

2.

Wie sündlich, Knospen vor der Blühte Prangen,
Wie sündlich, Blüthe vor der Frucht zu fällen:
Laß ab, unreifem Kusse nachzustellen,
O, wenn du kannst, bezähm ein wild Verlangen.

Weißt du den Kuß auf schönstem Mund dir hangen,
So braucht er Schatten und muß still bei hellen
Thränen erblühn, sich süßen und sich schwellen,
Und langsam reifen bei verschämten Wangen.

Wer gab? wer nahm? Er fällt in trauter Stunde,
Wie reife Frucht, leis' angerührt, zum Munde,
Und für dies Leben ist das Herz erquicket.

Er ist so sanft von stillgeweinten Thränen,
So heiß und ungestüm von herbem Sehnen,
Und süßes Flüstern wird davon erstickt!

3.

Was hebt den jungen Busen zum Gesange,
Daß er so mächtig schlägt, so innig klaget?
Die Liebe, die sich nicht zu denken waget,
Und wieder Liebe mit dem starken Drange!

Schau ich nun aber deine blasse Wange,
Ach, nur ein Schmerz ists, der am Herzen naget,
Und auch dein thränenfeuchtes Auge saget,
Vertraut dem Gram ist dieses Herz schon lange.

Die Kunst ward keinem der mit reinem Munde
Nicht Lieb' und Schmerz aus vollem Kelch getrunken,
Den bittern wie den süßen bis zum Grunde.

Den einen tranksst du; doch mit Sangeslippen
Sollst du der sel'gen Liebe Kelch auch nippen:
Und zünde dir ins Herz ihr heil'ger Funken!

4.

Ein schmucker Jäger dort mit kühnem Sinn,
In den behenden Gliedern frisches Blut,
Sein Rohr ist rostig, doch sein Blick ist gut,
Das Wild im Wald ist seines Rohrs Gewinn.

Als er mich sah, so schlüpft' er seitwärts hin
Und war wie einer welcher Böses thut;
Wohl, ich verstehe dich, was auf dir ruht —
Du bliebest, wenn du wüßtest wer ich bin.

Du hast mich nicht zu fliehn — doch ich zu weinen,
Denn unser Schicksal ist sich nahe gleich,
Nur gleicht sich deins an Schwere nicht dem meinen.

Die Welt ist, was das Herz sich wünscht, so reich,
Ich hab' ein Herz — doch reich sind nur die Reichen —
So muß ich durch die Welt als Wilddieb schleichen.

5.

Das war bei Nacht, und ich war fehlgegangen,
Kein Leitstern wollte meinem Wege leuchten;
Die Zweig' umstrickten, näßten mich, die feuchten,
Und Dornen ritzten streifend mir die Wangen.

Ich war voll Angst, ich hatte mich verfangen,
Um meinen Fuß mir wollt's wie Schlangen deuchten.
Auf einmal flammt am Himmel rothes Leuchten:
Was sah ich da statt Dornen und statt Schlangen?

Es waren lauter Rosen, naß vom Thaue,
Ein See lag unten zwischen holden Hügeln,
Und Blütenbäume standen rings und lachten.

Doch das verschlang die Nacht mit schwarzen Flügeln:
Ein einz'ger Blick, und dann ein langes Nachten!
O sel'ger Tag, brich an, aufdaß ich schaue!

6.

Wo wollt' es hin, wenn jede Knospe blühte,
Wenn alle Keime sproßten und gediehen,
Und wenn wir müßten alle Saamen ziehen —
Daß uns der Himmel doch davor behüte.

Ja, die Natur die reiche, voller Güte,
Hat auch dem Untergang sein Recht verliehen,
Zufrieden der Vernichtung zu entfliehen,
Wenn nur Ein Körnchen keimt aus Einer Blüthe.

Und der du selber lebst vom Untergange,
Und keinen Schritt thust, ohne zu zerstören,
Willst gegen die Natur dich hier empören!

Was giebt denn dir, o Mensch, ein Recht, zu wollen,
Daß jede deiner Saaten keim' und prange,
Und daß sich deine Mühn vergelten sollen?

7.

Wie du dein Glück machst? Hier vernimm das Wahre:
Zuerst bist du begünstigt für dies Leben,
Wenn dir Natur nur Mäßiges gegeben:
Und stets den regelrechten Weg bewahre!

Lern dich betrachten nur als Ding und Waare,
Was man dich heißt, das sei dein ganzes Streben,
So wird man höher dich und höher heben:
So sicher folgt kein Jahr dem andern Jahre.

Dies ist der Gang der Welt. Und treu und redlich
Kann man dabei sich nähren und die Seinen,
Und wohl dem Staat, dem solcher viele dienen!

Ja, tausend müssen leben als Maschinen,
Damit ein Einz'ger könn' als Mensch erscheinen —
Wenns mehre wären, wäre das so schädlich?

8.

Es wächst der Wald mit immer mächt'gern Stämmen,
Die stolze Tann' und die friedliche Linde,
Und Mann und Jungfrau werden aus dem Kinde:
Wer will es ändern und wer will es hemmen?

Unmöglich, sich dagegen anzustemmen:
Die Jahre rollen eben nicht geschwinde,
Unwiderruflich doch. Es wäre Sünde,
Doch wer vermöchte das, die Zeit zu dämmen.

Ihr aber, die ihr sie wollt überspringen,
Wißt ihr auch, was ihr thut? ein Werk der Thoren!
Doch gilt's gleichviel, und nichts ist hier verloren.

Die Zukunft ist unwandelbar geboren,
Und was dem Weisesten nicht kann gelingen,
Das muß, zur Zeit, der Zufall selbst vollbringen.

9.

Ich sah ein Land, mit aller Gunst gesegnet,
Und glaubte mich im Lande der Schlaraffen.
Man braucht hier nur den Segen einzuraffen,
Der überall vom Himmel niederregnet.

Doch wo der Menschen Thun mir ist begegnet,
Da sah ich alles faulen und erschlaffen,
Und nach der Scholle schien der Mensch erschaffen,
Daß er des Denkens nimmer sich verwegnet.

O kommt und schaut nach meinem Vaterlande:
Es ist nur eine flache Schicht von Erde
Durch strengen Fleiß auf einem Meer von Sande.

Hier hat ein männlich Volk, stark durch Entsagen,
Ein Reich gegründet durch ein mächtig Werde,
Deß Gipfel stolz vor allen Kronen ragen.

10.

Habt ihr von jenen Reisenden vernommen,
Die in des hohen Nordens ödem Kreise
Mit Hunden strebten auf dem weiten Eise,
Vor sich den Nordstern, nach dem Pol zu kommen?

Von reicher Pracht des Nordlichts angeglommen,
So fuhren sie in stets geradem Gleise
Pfeilschnell dahin, doch wunderbarer Weise
Sahn sie des pfeilgeschwinden Laufs kein Frommen.

Da sahn sie ein: auf einer Eisesscholle
Trug sie umsonst des Schlitters Flug gen Norden,
Derweil das Eis gen Süden fuhr, gewaltsam!

Ihr Kleinen alle, sei's von welchem Orden,
Was eifert ihr? bedenket eure Rolle!
Der Boden, drauf ihr steht, rollt unaufhaltsam!

11.

Die ihr die Ohren stopft, um nicht zu hören,
Nehmt diesen Spiegel, drin euch zu betrachten:
Nur Todtes, Fernes, Fremdes wollt ihr achten,
Doch das Lebendige verneinend stören!

Ihr ließet Galilei heut noch schwören,
Ihr ließt die Großen, die den Tag uns brachten,
Kepler und Lessing, heute noch verschmachten,
Von Gauklern aber ließt ihr euch bethören.

Ich sag' es euch: auch dieses ist ein Morden:
Ihr glaubet erst, wann's wieder falsch geworden,
Und dünkt euch drob des heil'gen Worts Verkünder!

Ihr hättet „Kreuzige" geschrien, ihr Sünder,
Und hättet Christum an das Kreuz geschlagen:
Denn wißt: ihr thuts noch stets in unsern Tagen!

12.

O blendet mich, so werdet ihr mich heilen,
Ich kann nicht länger mitten inne schweifen,
Soll ich denn aber selbst Partei ergreifen,
Und selbst im Kampf zu einer Fahne eilen?

Denn wer im Kampfe sinnend will verweilen,
Den faßt das Schwungrad in die schnellen Weisen,
Und wer sich muß nach beiden Seiten steifen,
Der Kräfte Kampf wird ihm das Herz zertheilen.

Dein denk' ich, deutsches Vaterland, und weine:
Du bist das Herz! Du fühlst es in den Adern,
Wenn Nord und Süd, wenn Ost und Westen hadern.

Du reichst dem knechtisch frommen Volk die Eine,
Die andre Hand dem leichtgesinnten Franken:
Bestimmt, die Elemente auszuschwanken.

13.

Es hat die Preß' ein deutscher Mann erfunden,
Die tausend Flügel leihet dem Gedanken,
Ein Heil der Welt! Doch blick' ich hin nach Franken,
Muß ich gestehn, sie schlägt auch tiefe Wunden.

Wer macht sie frei, und hält sie doch gebunden,
Und wer kann finden die gerechten Schranken?
Wir sahen Throne wanken, Völker kranken,
Doch Deutschland müsse stets durch sie gesunden!

Sie trägt der Weisen klargedachte Worte
Von Markt zu Markt und an die stillste Pforte,
Und redet ohne Menschenfurcht am Throne.

Doch ach, zum Drachen schwillt sie ungeheuer
Von Mißtraun, von Parteihaß, Lug und Hohne,
Furchtbar, unzähmbar, wie des Waldbrands Feuer!

14.

Was fragen sie, ob es uns Lust gewähret?
Es scheint der Mond die ganze Schlummernacht,
In Wüsten auch und öde Wildniß lacht
Die Sonne, die des Menschen Herz verkläret.

Fragt auch die Nachtigall, ob ihr sie höret?
Sie singt, wenn alles schläft und keiner wacht,
Es singt der Vogelschwarm mit lauter Macht
Im tiefsten Wald, wo keiner hört und störet.

Des Dichters Lied, im Innern still erzogen,
Ein süßer Umgang, mit sich selbst gepflogen —
Er singt es, weils ihn freut, wer wills verwehren?

Der Hörer und des Lobs kann er entbehren;
Doch wenn sein Lied ihm Lauscher angezogen,
Es wird ihr Lob ihn freuen und ihn ehren.

15.

Parabel.

Das war an einem Abend lau,
Als eine Schnecke schlüpft' im Thau,
Und aus der Erd' ein Maulwurf kroch,
Der furchtsam in die Lüfte roch.
Die Schnecke sprach: mein alter Freund,
Es ist mir lieb, daß ihr erscheint:
Wir können hier am kühlen Ort
Austauschen ein bedächtig Wort.
Ihr habt durchforscht, was unten ist,
Erzählt und meldet, was ihr wißt;
Doch mir ist kund das obre Reich,
Und gerne thu' ich gleich für gleich.
So sagt mir doch: was glaubet ihr?
Was ist der Mensch? das saget mir.
Ich wollt', ihr möchtet mich belehren,
Und meine Zweifel mir erklären.

Der Maulwurf sprach: Ich muß gestehn,
Daß ich den Menschen nie gesehn;
Sprecht ihr zuerst. Die Schnecke sprach:
Er schleppet nicht sein Haus und Dach
Stets mit sich fort, auch sieht sein Haus
Viel größer und ganz anders aus.
Und zwei Fühlhörner hat er dann,
Womit er alles fassen kann.
„Doch sprecht, wovon er sich ernährt,
Darüber wär' ich gern belehrt.“ —
Die Schnecke sprach: Ich muß gestehn,
Ich hab' ihn auch nicht selbst gesehn:
Doch da er ja viel größer ist,
So folgt, daß er viel mehr auch frißt,
Und auf die größten Blätter kriecht.
„Doch woran mir am meisten liegt,
So sprach der Maulwurf, wie er lebt,
Und was er sich für Gänge gräbt,
Das wüßt' ich allzugern von euch,
So sagt mir das ausführlich gleich.
Und über solche Frage war
Die Schnecke nun verwundert gar,

Und endlich sprach sie, saget mir,
Was von dem Menschen glaubt denn ihr?
Der Maulwurf sprach: Er gräbt die Gänge
Grad' aus von ungeheurer Länge,
Und einen an dem andern dicht,
Und immer oben an dem Licht.
Die Schnecke sagte lachend: Was?
Herr Maulwurf, wie beweist ihr das?
Der Maulwurf sprach: Erfahrung lehrt's,
Bekräftigt's täglich und bewährts:
Wollt ihr umher ein wenig gehn,
Auf allen Feldern könnt ihr's sehn.
Die Schnecke sprach: O glaubt doch nicht,
Was der Vernunft so widerspricht!
So sprachen sie noch her und hin,
Doch jeder blieb bei seinem Sinn,
Wie sehr sie treulich auch beflissen,
Zu lernen von des Andern Wissen.
Sie glaubten beide drum mit Recht,
Des andern Grund sei falsch und schlecht.
Und drüber wurd' es späte Nacht,
Da kam auch eine Biene sacht

Zum nahen Bohnenbeet gesummt,
Und wohlvernehmlich angebrummt.
Sie faßten nun vereint den Plan
Und riefen jene Biene an,
Und setzten sie mit ein'gem Sinn
Zu ihrer Meinung Richterin.
Die Biene sprach: der Streit ist wichtig,
Und ich entscheid' ihn schlicht und richtig.
Viel Menschen hab' ich zwar gesehn,
Doch will ich schnell zur Stadt noch gehn
Und ganz ausdrücklich mich belehren,
Um euern Streit wohl aufzuklären.
Der Maulwurf schärft' ihr nochmals ein,
Auf des Menschen Arbeit aus zu sein.

Sie haben nun die ganze Nacht
Vor lauter Ungeduld durchwacht,
Stets horchend nach der Biene Ton.

Die wahre Definition
Die hab' ich, sprach die Biene
Mit sehr gewicht'ger Miene:

Die Menschen schliefen alle zwar,
Doch weiß ich alles ganz und gar.
Vornehmlich habt ihr ihre Zellen
Euch ungeheuer vorzustellen,
Doch liegt der Unterschied genau
Besonders in der Zellen Bau.
Denn nicht sechseckig, denkt einmal,
Viereckig sind sie allzumal.

16.

Bestallung.

(1830.)

Die Poesie.

Mit Nägeln an den Schuhen wer pocht da draußen so?
Mir meinen zarten Teppich zertreten würd' er roh:
Laßt ihn nicht ein, er thue den runden Rock denn ab,
Die Stiefel oder Schuhe und seinen knot'gen Stab.

Der Dichter.

So wie er geht, so will er in deinen reichen Saal,
Um ihn zu recensiren, und nennt sich liberal.
Sein Stock, das sag' ich leise, verstehet keinen Scherz,
Drum, wenn ich ab ihn weise, bedarf es wohl ein Herz.

Pustkuchen ist erstanden, und nennt sich Menzel nun,
Im runden Rock zwar geht er, doch ists sein altes Thun.
Moral will nicht mehr frummen, so ward er liberal,
Bremt Göthen einen Dummen und lädt uns zum Scandal.

Die Poesie ist Adel von Gottes Gnaden her,
Das dünket dich ein Tadel, und kommt dir in die Quer:
Du solltest immer tadeln, so träfst du's manchmal recht,
Doch wen du wolltest adeln, der war und blieb drum schlecht.

Die Poesie ist Hoheit ob Meinung und Partei,
Doch guckst du nach dem Einband, ob's auch Halbfranzband sei.
Nur liberal, zur Stelle dann ist dir's Poesie:
Rapier, wie Schneiderelle, das merke, mißt sie nie.

Die Poesie ist Freiheit: du möchtest sie zur Magd.
Ein Schlag aus heiterm Himmel sei dir dies Wort gesagt:
Wenn Deutschland mich verstünde, so wär' es längst dich los;
Nun beichte deine Sünde, sonst ist's dein Todesstoß.

Die Poesie.

Nicht doch, ich will, er bleibe; denn mir gefällt der Mann.
Geh hin und frag' ihn draußen, ob er mir dienen kann;
Es stürmt ein wild Gedränge die äußre Tempelthür.
Da wehr' er mir die Menge, ich halt' ihn stark dafür.

17.

Der Recensent sine ira et studio.

Mein Tadel macht das Haar nicht grau,
Mein Lob hat nie geschmeichelt;
Das macht, mein Lob ist lau und flau,
Mein Tadel süßbespeichelt.
Auch ist mein Urtheil passend
Und allgemein umfassend.

Geeignet find' ich dies Gebild,
Gemalt ist's angemessen,
Die Forderungen sind erfüllt,
Nur Einiges vergessen.
So ist mein Urtheil passend,
Und allgemein umfassend.

Recht werthvoll ist dies Tongedicht,
Und achtbar sein Erfinder;
Doch mehreres befriedigt nicht
Und störet mehr und minder.
So ist mein Urtheil passend
Und allgemein umfassend.

Drum daß ich je zu viel gesagt,
Wird niemand mit mir rechten;
Das Urtheil, das ich kühn gewagt,
Kann männlich ich verfechten.
Mein Urtheil ist stets passend
Und allgemein umfassend.

18.

Hört die neuen großen Richter,
Weisheit strömt aus ihrem Mund,
Sie verlangen, jeder Dichter
Sei mit Politik im Bund.
  Dichter, dichtet Politik,
  Dies verschafft euch gleich den Sieg!

Dann behaupten diese Richter,
Der polit'sche Dichter sei
Nimmermehr ein guter Dichter,
Ist er nicht ihrer Partei.
  Dichter, merket dieses wohl,
  Sonst verbleibt ihr schal und hohl.

19.

Einst nach dem Regen im Sonnenschein
Ging unter hohen Bäumen ein
Gar sehr vertiefter junger Mann,
Und sah den nassen Boden an;
Doch über ihm der Sonne Licht
Und Laub und Himmel sah er nicht.
Auf einmal blieb er stille stehn:
„Ich kann den Himmel offen sehn,
Wie sonnigklar, wie sonnig tief,
Das ist's, was mir im Busen schlief,
Es ziehet mich so weh und wund
Hinab zum wundervollen Grund!"

Er stürzt' hinein: der arme Gimpel,
Er fiel in einen flachen Dümpel.

www.fsc.org
MIX
Papier | Fördert gute Waldnutzung
FSC® C083411

Kolibri 360 GmbH
Ferdinand-Jühlke-Straße 7
99095 Erfurt, Deutschland
produktsicherheit@kolibri360.de